专项职业能力培训教材

U0322355

经典咖啡制作

内含操作
教学视频

编审委员会

主　任：张　岚　魏丽君

委　员：顾卫东　葛恒双　孙兴旺　张　伟　李　晔　刘汉成

执行委员：李　晔　瞿伟洁　夏　莹

编审人员

主　编：姜　红　王振东

副主编：董鹏飞

编　者：（排名不分先后）

　　　　黄　崴　邴振华　裘亦书　席宇斌　钟　伟　何李凌

　　　　徐　成　董琇雅　徐嘉欣　顾仙雯　华君敏

主　审：陈家瑞

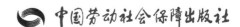

中国劳动社会保障出版社

图书在版编目（CIP）数据

经典咖啡制作 / 人力资源社会保障部教材办公室等组织编写 . -- 北京： 中国劳动社会保障出版社，2019

专项职业能力培训教材

ISBN 978-7-5167-3835-1

Ⅰ . ①经… Ⅱ . ①人… Ⅲ . ①咖啡 – 配制 – 职业培训 – 教材 Ⅳ . ① TS273

中国版本图书馆 CIP 数据核字 (2019) 第 093742 号

中国劳动社会保障出版社出版发行

（北京市惠新东街 1 号 邮政编码：100029）

＊

三河市华骏印务包装有限公司印刷装订 新华书店经销

787 毫米 × 1092 毫米 16 开本 11.25 印张 151 千字

2019 年 7 月第 1 版 2023 年 8 月第 6 次印刷

定价：58.00 元

营销中心电话：400-606-6496

出版社网址：http://www.class.com.cn

内容简介

　　本教材由人力资源社会保障部教材办公室、中国就业培训技术指导中心上海分中心、上海市职业技能鉴定中心依据上海专项职业能力鉴定细目组织编写。教材从强化培养操作技能、掌握实用技术的角度出发，客观地展现了当前最新的实用知识与操作技术，对于提高从业人员基本素质、掌握经典咖啡制作核心知识与技能，以及对该领域未来的应用研究与前瞻性实践方面有直接的帮助和指导作用。

　　本教材在编写中根据本职业的工作特点，以能力培养为根本出发点，采用模块化的方式编写。全书共分为6章，内容包括：咖啡发展简史、咖啡服务、咖啡基础知识、经典咖啡制作基础、传统咖啡制作、咖啡的饮用与健康。

　　本教材可作为经典咖啡制作专项职业能力培训与鉴定考核教材，也可供全国中、高等职业技术院校和应用型本科院校相关专业师生参考，以及本职业从业人员培训使用，还可对接世界技能大赛餐厅服务项目中的咖啡专项模块训练。

　　本教材配套了与学习内容相匹配的理论与技能视频，扫描书中二维码即可观看。

前　言

职业技能培训是全面提升劳动者就业创业能力、提高就业质量的根本举措，是适应经济高质量发展、培育经济发展新动能、推进供给侧结构性改革的内在要求，对推动大众创业万众创新、推进制造强国建设、推动经济迈上中高端具有重要意义。

根据《国务院办公厅关于印发职业技能提升行动方案（2019—2021 年）的通知》（国办发〔2019〕24 号）、《国务院关于推行终身职业技能培训制度的意见》（国发〔2018〕11 号）文件精神，建立技能人才多元评价机制，完善职业资格评价、职业技能等级认定、专项职业能力考核等多元化评价方式是当前深化职业技能培训体制机制改革的重要工作之一。

专项职业能力是可就业的最小技能单元，通过考核的人员可获得专项职业能力考核证书。为配合专项职业能力考核工作，人力资源社会保障部教材办公室、中国就业培训技术指导中心上海分中心、上海市职业技能鉴定中心联合组织有关方面的专家、技术人员共同编写了专项职业能力培训教材。

专项职业能力培训教材严格按照专项职业能力考核规范及考核细目进行编写，教材内容充分反映了专项职业能力所需要的核心知识与技能，较好地体现了适用性、先进性与前瞻性。聘请相关行业的专家参与教材的编审工作，保证了教材内容的科学性及与考核细目、题库的紧密衔接。

专项职业能力培训教材突出了适应职业技能培训的特色，使读者通过学习与培训，不仅有助于通过考核，而且能够有针对性地进行系统学习，真正掌握专项职业能力的核心技术与操作技能。

　　教材编写是一项探索性工作，由于时间紧迫，不足之处在所难免，欢迎各使用单位及个人对教材提出宝贵意见和建议，以便教材修订时补充更正。

人力资源社会保障部教材办公室

中国就业培训技术指导中心上海分中心

上海市职业技能鉴定中心

CHAPTER **1**

咖啡发展简史

CHAPTER **2**

咖啡服务

CHAPTER **3**

咖啡基础知识

CHAPTER
4

经典咖啡制作基础

传统咖啡制作

咖啡的饮用与健康

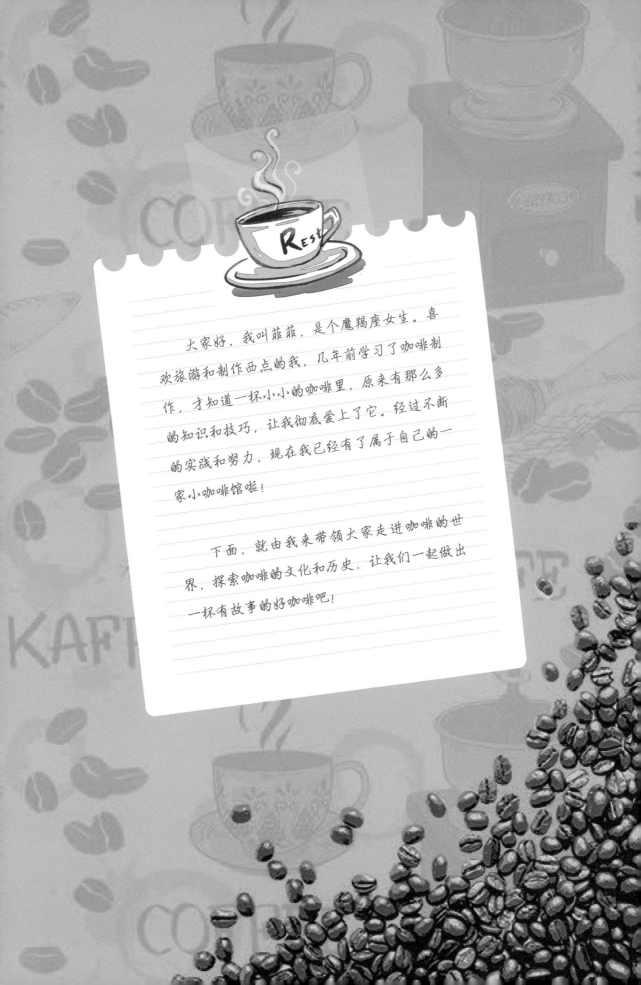

　　大家好，我叫菲菲，是个魔羯座女生。喜欢旅游和制作西点的我，几年前学习了咖啡制作，才知道一杯小小的咖啡里，原来有那么多的知识和技巧，让我彻底爱上了它。经过不断的实践和努力，现在我已经有了属于自己的一家小咖啡馆啦！

　　下面，就由我来带领大家走进咖啡的世界，探索咖啡的文化和历史，让我们一起做出一杯有故事的好咖啡吧！

CHAPTER

1

咖啡发展简史

一、咖啡历史简述

咖啡的故乡到底在哪里？人们又是怎么发现它的呢？关于咖啡起源的美丽传说也是让我真正开始认识咖啡的第一课。

1. 咖啡种植及饮用的起源

咖啡、茶和可可并称世界三大嗜好类饮料。目前世界普遍认为咖啡树最早在埃塞俄比亚的咖法（Kaffa）省被发现，并且由当地的波斯（伊朗古称）人在公元575年开始种植，当时波斯语称之为咖瓦（Qahwah），这实际上也是波斯人对咖法这一地区的读法。之后，咖瓦变成了波斯人泛指植物饮料的总称，咖啡则慢慢出现了另一个名称——咖味（Qahveh）。随着奥斯曼帝国（土耳其古称）在中世纪的日益强大，波斯人将咖味带到了那里。由于信仰伊斯兰教的奥斯曼帝国理论上禁止饮用酒精饮料，咖味迅速地流行起来，并且根据土耳其语的发音被称为咖维（Kahve），被传入了欧洲。18世纪，欧洲正式出现了咖啡（coffee），此后欧洲人将其带到了世界各地。从Kaffa到Qahwah、Qahveh、Kahve，最终演变为我们所熟悉的coffee，可以说咖啡起源于非洲，发展于亚洲，兴盛于欧洲。而关于咖啡究竟是如何被发现的，欧洲国家和阿拉伯国家有着各自的观点。

（1）欧洲国家普遍认同的是意大利人罗士德·奈洛伊1671年发表的世界首篇咖啡论文中写到的"牧羊人发现说"。该论文记载了在5～8世纪，有一位生活在非洲埃塞俄比亚咖法地区的牧羊人卡代尔。有一次，他在放羊的时候发现羊吃了一种植物的果实后变得非常兴奋，于是他自己也品尝了一下，继而发现了咖啡这种可以被制作成饮品的植物。法国旅行家桑德拉侯恪（Jean de la Roque）公元 170 年所写的游记《航向也门》中专门讨论了咖啡的起源，并且引用了"牧羊人发现说"，该书在当时极为畅销。1935 年美国著名咖啡专家威廉姆·乌科斯（William Ukers）的咖啡经典名作《咖啡简史》（*All About Coffee*）中，也将"牧羊人发现说"作为咖啡的起源说，从而让更多人相信了"牧羊人发现说"的真实性。

（2）阿拉伯国家则相信咖啡起源于也门北部，据阿拉伯人阿布达尔·卡迪所著《咖啡的来历》记载，也门摩卡地区的酋长雪克·欧玛尔因为犯罪被放逐到了北部萨纳省。1258 年，当欧玛尔饿得在生死边缘挣扎时，他突然看到小鸟吃了一种红色果实后活蹦乱跳。于是，他摘下果实煮了一锅香味四溢的果汤，喝了之后疲劳顿消，精神焕发。此后，他发现了这个神奇的红色果实还可以治病救人，他还因此获得了赦免。回到摩卡后，他把这种红色的果实也带了回去，救治了很多病人，被当作圣人般推崇。这种红色果实就是我们所熟知的咖啡果。

无论是在欧洲国家还是阿拉伯国家，咖啡的起源由于缺乏充分的历史依据，都无法被证实。

2. 世界各地咖啡种植与咖啡文化发展史

咖啡对我们来说也许是一杯香醇的饮料，用以度过一个悠闲的下午，代表了一种文艺的情怀，但它对于很多国家来说却是一段历史和一种文化。咖啡随着风帆在海上远航，被传播到了世界各国，与当地文化融合后，衍生出了多姿多彩的咖啡文化。让我们一起去感受一下不同国度迥异的咖啡文化吧！

（1）世界各地咖啡种植历史和分布。1753 年，瑞典植物学家卡尔·林奈对阿拉比卡种咖啡树进行了首次植物学描述，并且创立了归属于龙胆目茜草科的咖啡属（*Coffea*）。随着咖啡种植范围的不断扩大，全球咖啡属植物有 60 余种，其中人工栽培后用于采摘咖啡果的大约 25 种。用作商业咖啡的一般包括四个种类：大粒种咖啡（*Coffea liberica*，又称大果咖啡或利比里卡种咖啡）、中粒种咖啡（*Coffea canephora*，又称中果咖啡，代表品种罗布斯塔咖啡 *Coffea robusta*）、小粒种咖啡（*Coffea arabica*，又称小果咖啡或阿拉比卡种咖啡）和高产咖啡（*Coffea dewevrei*），其中产量最大的是小粒种咖啡，占咖啡总产量的 60% 以上，其次是中粒种咖啡，占咖啡总产量的 32% 以上。

大部分咖啡树生长于南北回归线间的热带地区，因此，这些地区也被称为"咖啡带地区"。野生咖啡树林仅在埃塞俄比亚咖法省和也门北部地区发现过，其他地区的咖啡树一般为人工移植栽培。通过 1400 余年的人工栽培和移植，目前全球已经有超过 76 个国家和地区种植咖啡，分为非洲咖啡豆产区、亚洲咖啡豆产区、美洲咖啡豆产区三大产区。据 2017 年数据，非洲咖啡豆产量占当年咖啡豆总产量的 11%，亚洲和大洋洲占 31%，拉丁美洲占比则高达 58%。

非洲产区是全球最古老的咖啡豆产区，小粒种咖啡作为原产埃塞俄比亚咖啡树种的"后裔"，现在成为被最广泛种植的咖啡树种。在西非被发现的中粒种咖啡的"后裔"罗布斯塔咖啡同样被广泛种植，并且成为当下产量增速最高的咖啡树种之一。大粒种咖啡原产于利比里亚。作为咖啡树的故乡，非洲的咖啡树种植分布也较为广泛，埃塞俄比亚、肯尼亚、乌干达、坦桑尼亚、赞比亚、卢旺达等近 20 个国家和地区种植咖啡树。

中东和南亚产区是全球中粒种咖啡最重要的产区，越南、印度尼西亚、印度、也门、泰国等是该产区最主要的咖啡出产国。

东亚和太平洋诸岛产区以种植小粒种咖啡为主，包括中国、美国夏威夷群岛、巴布亚新几内亚、澳大利亚、东帝汶等国家和地区，种植着高品质的咖啡。中国的云南、海南和台湾均种植了咖啡树，虽然整体种植历史较短，大规模种植普遍源于 20 世纪 50 年代，但近年来发展速度较快，品质提升明显。

拉丁美洲产区是全球产量最大的咖啡产区，主要种植小粒种咖啡和中粒种咖啡，全球产量最大的咖啡出产国巴西就位于该产区，其他主要种植国有哥伦比亚、墨西哥、牙买加、危地马拉、哥斯达黎加、古巴、巴拿马、秘鲁、洪都拉斯、委内瑞拉、波多黎各等。拉丁美洲由于产品标准化程度较高，期货市场相对成熟，产量也较大，因此对于咖啡的大宗交易价格有较大的影响力。

（2）世界各地咖啡文化发展史。世界咖啡文化大致可分为阿拉伯咖啡文化、欧美咖啡文化、亚洲咖啡文化。一般认为咖啡起源于阿拉伯国家，发展于欧美国家，与茶文化交融于亚洲国家，最终形成了这三个地区的独特咖啡文化。

在 15 世纪之前，咖啡仅仅被允许在阿拉伯国家之间流通，由于这些国家普遍信仰伊斯兰教，因此咖啡也被融入了一些宗教仪式中，直到现在，我们都可以在土耳其看到"咖啡占卜"的习俗。同样由于宗教的关系，咖啡在一些阿拉伯国家替代了酒的地位，成为了非常重要的社交饮品。传统阿拉伯咖啡的代表为土耳其咖啡，土耳其咖啡在制作时会使用一种铜制或者锡制的小锅，加入深烘焙细研磨的咖啡粉、粗制糖和一些香料，进行烹煮。这种制作咖啡的方式至今依然非常流行。

欧美咖啡文化最早出现在 16 世纪 70 年代的维也纳，由于阿拉伯国家长期垄断了咖啡树种植，加上一些宗教上的因素，咖啡最初在欧洲的传播并不顺利。直到时任教皇克莱门特八世喝过咖啡之后，咖啡才得以传入欧洲。到 17 世纪 90 年代，一位荷兰船长在印度得到了几株咖啡苗，并且在印度尼西亚种植成功，之后欧洲人才正式打破了阿拉伯人对咖啡的垄断。随着 1727 年西班牙人将咖啡种子带到了巴西，咖啡产量大增，推动了咖啡文化的迅速发展。之后意大利人发明了咖啡翻转壶，英国人发明了虹吸壶，德国人发明了手冲式滴滤咖啡壶，法国人发明了法式压渗壶……多项咖啡萃取器具的发明使得欧洲的咖啡文化变得多样化和更加先进。

亚洲咖啡文化与印度、印度尼西亚引入咖啡树种植有着很大的关系，虽然印度种植咖啡树比种植茶树的历史更久一些，但是到了 19 世纪以后，印度茶树的种植面积远超咖啡树的种植面积。这种影响在咖啡和茶的饮用方式上也有所体现。印度早期的咖啡文化主要受到了阿拉伯咖啡文化的影响，这种影响让印度拉茶的饮用方式既有藏族酥油茶的影子，也有土耳其咖啡的影子，可以说是咖啡文化与茶文化交融的产物。之后，印度人将拉茶带到了马来西亚和印度尼西亚，马来西亚人用包袋的方式烹煮茶叶，并将这种方式应用到了咖啡的萃取中。传统上，马来西亚人会用铝制的水壶和一个大布袋来烹煮咖啡。在马来西亚和印度尼西亚还有一种传统的咖啡饮用方式，他们会把咖啡豆、黄油和糖放在一起焙炒，这种加工方式后来也被华侨带到了中国的海南岛，形成了独特的海南咖啡文化。中国的咖啡文化起源于上海，上海最早的咖啡馆出现在 19 世纪中叶的英、法租界，早期主要是西餐厅附属的咖啡吧，直到 1886 年才在公共租界出现第一家独立咖啡馆——虹口咖啡馆。当时上海的咖啡馆主要由外国人经营，供各国水手消遣，中国人很少有机会光顾。直到 20 世纪初，上海的咖啡馆才成为一个向大众开放的聚会场所，多伦路上的公啡咖啡馆甚至有着"左联（中国左翼作家联盟的简称）摇篮"之称。发展到 1946 年，上海的咖啡馆已经有 186 家之多。上海的咖啡文化不仅仅体现在咖啡馆，还体现在上海独特的"老克勒"文化中。上海"老克勒"会用一种铝制的蒸汽式咖啡壶烹煮咖啡，这也成为了"老克勒"的生活方式之一。

二、咖啡发展历程

1. 咖啡发展的三阶段

咖啡饮品的发展经历了三个主要阶段，分别产生了相应的咖啡主题和有代表性的咖啡品牌，因此也有文献称之为经历了"三波咖啡浪潮"（见表1—1）。

表1—1 三波咖啡浪潮			
阶段	主题	标签	代表品牌
第一波浪潮	速溶咖啡	快速、简单、方便、廉价	华盛顿咖啡、雀巢等
第二波浪潮	意式咖啡	现制现售、标准化、自动化	星巴克、COSTA（咖世家）等
第三波浪潮	精品咖啡	高品质、个性化、多元化	Blue Bottle（蓝瓶咖啡）、知识分子等

（1）第一波咖啡浪潮。1910年，美国人乔治·华盛顿发明了可以用于工业化生产的咖啡速溶技术。1938年，瑞士的雀巢公司对咖啡速溶技术进行了改良，研发了沿用至今的"喷雾式干燥法"，解决了巴西咖啡大量滞销的问题，也让速溶咖啡成为二战期间盟军标配的军需品，并且掀起了咖啡的第一波浪潮。第一波咖啡浪潮主要是由技术推动的。

（2）第二波咖啡浪潮。1884年，意大利人安吉洛·莫里昂多（Angelo Moriondo）在都灵为全球首个"蒸汽式快速制作咖啡饮料设备"申请了专利。设备经过1901年意大利人路易基·贝泽拉（Luigi Bezzera）的改良，奠定了现代意大利式浓缩咖啡的萃取技术基础。1971年成立于美国西雅图的星巴克则通过数十年的高速发展引领了第二波咖啡浪潮。第二波咖啡浪潮主要是由商业模式推动的。

（3）第三波咖啡浪潮。1974年，美国的努森女士率先提出了精品咖啡（specialty coffee）这一概念，强调了咖啡在不同种植环境、不同处理方式下所表现出的"地域之味"。之后，多个国际咖啡组织应用这个概念，创立了一套精品咖啡的评分体系，使精品咖啡可以被量化评定，从而推动了精品咖啡的高速发展。时至今日，精品咖啡已经从"精品咖啡豆"延伸到了一个完全的精品咖啡消费体验体系，包含了咖啡生豆、咖啡烘焙、咖啡研磨、咖啡萃取、消费体验等全方位的内涵。可以说，第三波咖啡浪潮是由消费升级催生的。

2. 咖啡制作与呈现方式

如果以咖啡制作和呈现方式来区分咖啡，可以将其分为工业咖啡、浓缩咖啡和精品咖啡三种。

（1）工业咖啡。工业咖啡主要是工厂化预制包装并通过商超等零售渠道进行销售的咖啡，分为两种，第一种是固体粉状的咖啡，如袋装雀巢咖啡；第二种是液态的即饮包装咖啡，如听装的麒麟直火烘焙咖啡。

（2）浓缩咖啡。浓缩咖啡是指门店通过现磨咖啡豆制作出的咖啡饮料，主要以意式浓缩咖啡为基底主料，通过添加牛奶、奶油、奶沫、热水、糖浆制作成不同类型的咖啡。为了达到标准化现磨现售的要求，在烘焙咖啡时需要加深咖啡的烘焙程度，因而选择深烘焙的咖啡豆。

（3）精品咖啡。精品咖啡的概念最早兴起于美国，需要从咖啡种植者到咖啡师，每一个处理环节都对咖啡品质有高标准的要求，它集优质的咖啡生豆、精湛的烘焙技术和冲煮技术于一体，更加注重呈现咖啡豆的自身品质和自身风味。

三、咖啡行业发展特征

咖啡、茶和可可并称世界三大饮料，而咖啡更是仅次于原油的世界第二大大宗商品。但世界上最核心的咖啡消费区几乎都不产咖啡。消费量巨大的欧洲是除南极洲以外唯一不产咖啡的大洲。美国作为世界上咖啡消费量最大的国家，只有夏威夷岛少量种植咖啡。

1. 全球咖啡产量

全球咖啡产量历年呈现一个平稳增长的态势，但亚洲的咖啡种植业发展迅猛，其中越南咖啡产量最大，但主要种植的是非主流的罗布斯塔种咖啡。近年来，世界各国咖啡种植业越来越重视提升咖啡豆的品质，通过改善咖啡树的种植环境、改善咖啡生豆的品种和改用有机肥料等措施来实现咖啡精品化。

2. 全球咖啡消费量

全球咖啡消费量长期处于平稳增长状态，但是一些新兴的咖啡消费国，其咖啡消费量增长快速，如中国咖啡消费量连续 7 年以 15% 的年增长速度递增，并且在未来较长一段时间内还将继续保持这样的高速发展态势。

3. 咖啡与其他行业的融合发展

咖啡发展至今已经超越了其本身饮料的属性，更多的是体现一种文化和生活方式，能够无边界地与其他任何行业融合搭配。健身房、银行 VIP（贵宾）室、汽车 4S 店、美发店等设立咖啡吧已经不足为奇，咖啡创客空间的概念也被大众所熟知，未来咖啡还将融入更多的行业领域。

4. 未来中国咖啡行业的发展趋势

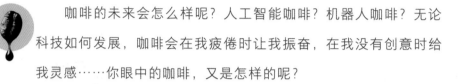 咖啡的未来会怎么样呢？人工智能咖啡？机器人咖啡？无论科技如何发展，咖啡会在我疲倦时让我振奋，在我没有创意时给我灵感……你眼中的咖啡，又是怎样的呢？

（1）咖啡自由职业者。咖啡行业内的自由职业者数量将会快速增多，涉及的领域也会不断延伸，独立咖啡馆、咖啡工作室的创业者，业务承包人等多种形式的自由职业者将会逐步在行业内产生更大的影响力。

（2）互联网咖啡。互联网咖啡就是通过 APP（手机软件）、社群或其他在线技术为客户提供咖啡及其他饮料产品的商业模式，它与传统商业模式主要有以下区别。

1）客户不再去门店点单，而是在 APP 下单，门店更多的是承担制作功能。

2）客户对品牌的投诉更多地集中在 APP 使用体验、售后服务、食品安全等方面。

3）目标客群与传统商务连锁咖啡店高度重合。

4）客户增量取决于 APP 和品牌的热度及传播能力。

5）客户价格敏感度更高，消费更趋于理性。

6）IT（信息技术）、市场、公关部门的作用明显提升。

（3）形成中国咖啡文化。中国并没有本土原生的咖啡文化，咖啡行业在中国的发展时间较短，但是随着咖啡的普及，与人民群众的工作生活交集增多，中国的咖啡文化正在中国茶文化和欧美咖啡文化的双重影响下逐步形成。相对于欧美咖啡文化，中国咖啡文化将会更注重咖啡的整体体验和仪式感，对于咖啡产品的呈现要求更高，更愿意用品茶的方式而不是欧美咖啡文化中品鉴红酒的方式来品尝咖啡。相信在不久的将来，中国必将形成自己的咖啡文化。

（4）多场景多元化发展。当前中国的咖啡消费主要以咖啡馆和速溶咖啡为主，消费场景和消费产品均相对单一。随着市场的发展与成熟，咖啡的消费场景将会变得多元化，如办公室、家庭、旅途、自动贩卖机等场景均会有越来越多的咖啡产品提供；消费产品也会更倾向于多样化、便利化和高性价比，不会局限于速溶咖啡、瓶装饮料和现制现售咖啡。

四、国际咖啡行业组织介绍

做好一杯咖啡不仅仅要反复练习，还需要和全世界的咖啡同好们交流自己的心得，分享自己的作品。在交流分享中，你才会不断进步，学习到最新的知识。因此，咖啡专家和爱好者组成了很多的组织，帮助大家共同进步。

1. 精品咖啡协会

精品咖啡协会（Specialty Coffee Association, SCA）是由美国精品咖啡协会和欧洲精品咖啡协会合并成立的全新咖啡行业组织，其标识如图1—1所示。它是一个非营利性组织，代表了成千上万咖啡行业的专业人士，包括咖啡生产者和世界各地的咖啡师。它建立的基础是开放、包容和共享知识力量。它鼓励和培养多样化，尊重当地文化，努力增加独立个

图1—1 精品咖啡协会标识

体站在世界舞台上发声的机会。

精品咖啡协会咖啡证书体系是目前世界上最权威、最完整的咖啡培训体系，由美国精品咖啡协会的咖啡教育体系和欧洲精品咖啡协会的咖啡证书体系合并而成，其开发的全新咖啡技能教育项目由咖啡介绍（introduction to coffee）、咖啡技能（barista skill）、咖啡冲煮（brewing）、咖啡生豆（green coffee）、咖啡烘焙（roasting）、咖啡感官（sensory skills）六个模块组成。

（1）美国精品咖啡协会。美国精品咖啡协会（Specialty Coffee Association of America, SCAA）成立于1982年，是一个专注于咖啡行业的非营利性贸易组织，也是世界上最大的咖啡贸易协会。

美国精品咖啡协会会员遍布世界各地，有咖啡行业不同领域的代表，包括咖啡种植者、咖啡生豆贸易商、咖啡烘焙工厂、咖啡进出口贸易商、终端零售商等。

（2）欧洲精品咖啡协会。欧洲精品咖啡协会（Specialty Coffee Association of Europe, SCAE）于1998年6月5日在伦敦举行的精品咖啡团体和咖啡爱好者代表会议上成立。

SCAE的愿景是通过创新、教育、研究及最重要的沟通提升咖啡品质，将精品咖啡带到世界各地，让世界各地的消费者了解咖啡的魅力，同时为咖啡产业供应链的各个层面服务，帮助和确保咖啡行业的长期可持续性发展。

2. 巴西精品咖啡协会

巴西精品咖啡协会（Brazil Specialty Coffee Association, BSCA）是成立于1991年的非营利性组织，其标识如图1—2所示。其目标是在国内和国际市场上帮助巴西咖啡提高质量，在全世界认

图1—2 巴西精品咖啡协会标识

证及推广巴西精品咖啡。BSCA 聚集了巴西精品咖啡的主要参与者，会员来自巴西咖啡的整个产业供应链，包括农场主、出口商、烘焙商、咖啡店主等。

3. 咖啡品质学会

咖啡品质学会（Coffee Quality Institute，CQI）是成立于 1996 年的一个非营利性国际咖啡合作组织，致力于提升咖啡品质和改善咖啡生产者的生活水平，通过提供培训和技术援助服务促进咖啡生产者和个人在咖啡产业链中的价值提升，其标识如图 1—3 所示。CQI 的工作内容还包括：改善咖啡种植地的基础设施和提高咖啡农的经济收入，促使咖啡农更关注咖啡品质；在消费国进行咖啡教育培训；建立通用的咖啡评价标准体系。

图 1—3 咖啡品质学会标识

作为一名咖啡师，制作咖啡是基础，我们还要学会服务，学会为顾客点单，甚至学会收银。我们咖啡师是多面手，哪怕咖啡店里只有我一个人都不会出现任何问题。

CHAPTER

2

咖啡服务

项目① 接待

＊ 知识准备

　　一位训练有素的咖啡师必须具备良好的服务意识，对工作过程中需要提供的服务掌握到位，能与其他伙伴合作良好，主动服务，也能遵守服务要求，提供高质量的咖啡服务。

一、咖啡服务前注意事项

　　1.咖啡师应穿着制服并保持其干净整洁。

　　2.上班打卡后，在开始营业、接受上级点名与工作分配前，应按要求打扫本人工作责任区域，时刻维护区域清洁卫生。

　　3.应盘点并补充备用物品，如糖包、纸杯等一次性消耗用品，了解当天门店推出的优惠活动、促销产品内容，听取上级工作分配。

二、咖啡服务过程中注意事项

　　1.根据接待要领，在预先分配的工作岗位上就位。当有顾客到来时，应有礼貌地领位，协助顾客入座点单。

　　2.咖啡服务必须留意的事项

　　（1）餐桌、椅子必须保持清洁，摆放整齐，使顾客感到舒适。

　　（2）料理台配料需每日多次清点，保持齐备。

　　（3）为顾客续杯添水应询问顾客需求，选择相应温度。

　　（4）菜单如有破损应及时更换，确保完整干净。要充分了解菜单上各种咖啡的风味特点，点单时向顾客做适当的销售推荐。

（5）结账时，应当准确而迅速地结算消费金额，将账单递交给顾客。

3. 不得在咖啡店主要走道中站立不动阻碍通行，更不可在店内奔跑追逐，以免引发意外。站立时忌背对顾客，姿势要端正挺拔，给顾客留有良好的印象。如果遇到与顾客相对而行的情形，应侧身站立等顾客先行。在整个咖啡服务过程中都要做到举止稳重，礼貌周到。

4. 接待顾客时，应遵循先来后到的原则，不可有特殊标准，以免引起其他顾客的反感。

5. 与顾客面对面对话时，声音宜温和；接听电话时，声音应轻柔，营业中不可接听私人电话。

6. 服务过程中不应介入顾客之间的对话，不得随意批评顾客的举动，更不能对顾客有过分的言行。

7. 在门店服务时，切忌围聚一团聊天或嬉笑，应时刻关注顾客需求，同事间互相合作支援，共同为顾客服务。

8. 顾客交代之事，应尽量予以满足，对于不能满足的，应对要诚恳，表述时口齿要清晰。

9. 遇偶发事故时切忌慌张失措。例如，遇顾客咖啡倾翻，应立即用抹布吸去液体，用干净口布盖在湿污上，并提醒顾客小心。

10. 服务时，遇事均应沉着处理，如遇为难事情，应尽量忍让或向上级汇报。

11. 对顾客携带的儿童应当注意照看，但绝不可逗弄或轻视，如果遇到儿童在店内乱跑，应当立即提醒顾客其危险性。

12. 咖啡服务人员不应该在咖啡店外场用餐或吃零食。

13. 咖啡师主管注意事项

（1）在工作时间内，应适当留意咖啡师学徒的工作状态，随机应变，机动指挥。

（2）指示咖啡服务人员时，最好利用眼神等暗示，不宜直接用语言指示，并应经常训练咖啡服务人员如何领略这些暗示。

（3）咖啡服务人员如果因疏忽触怒了顾客，主管应立即趋前道歉，了解情况并及时解决问题。

三、席间服务时注意事项

1. 顾客无意离去时，不得借故催促顾客。

2. 顾客结账离去时，要以笑容欢送，并向其表示感谢光临。

3. 顾客离座后，应注意有无遗留物品，如果拾获遗留物品，应立即呈报主管拾物时间与餐桌号码，办失物招领。

4. 顾客离去后，应当立即收拾桌面，撤除残余杯具，将地面清理干净，将座椅布置整齐，重新铺台摆设餐具，准备为下一位顾客服务。

四、咖啡店安全注意事项

1. 运营场所尽可能保持地面清洁，若杯子等器皿碎片或液体溅落在地板上，应立即打扫干净。

2. 如果地面湿滑，应当喷上防滑剂，以保证行走的安全。

3. 风雨天时，要特别留意所有进口的内外。雨天在门口使用垫席时，要仔细检查是否铺平，不可有皱褶。在人行道上铺放垫席时要密切注意往来行人，此外不可用硬纸板铺地。

执行

🍵 任务1 / 迎送顾客

STEP1 迎宾

（1）见到顾客进门，应该向其微笑，打招呼，如是常客，则以其姓氏称呼其某先生／小姐表示欢迎。

（2）在咖啡店内，服务人员的服务应当更加人性化、个性化，因此欢迎词也不局限于"欢迎光临"，可以根据时间、节日及对顾客的熟悉程度，灵活变换问候用语，例如下午遇见顾客可以说 "下午好，先生／女士"；节日时，可以送上节日问候，如"圣诞节快乐"；对熟悉的顾客可以送上生日祝福，如"生日快乐"。

（3）问候顾客时要使用敬语，而且要有眼神交流，不能低着头或者背对着顾客。

STEP2 带位

（1）询问顾客是否预订了座位。如果顾客已预订，应当带其到订好的餐桌前；如果顾客未预订，按顾客要求和人数带入相应的餐桌。询问顾客是否有其他偏好，例如喜欢靠窗位置还是角落位置。

> 特别提示：接受预订时，应当问清楚顾客的姓名、订座人数、到店时间、联系方式和特殊要求。

（2）引导入座

1）为女士和儿童拉椅。

2）打开饮料菜单从顾客右侧递给顾客。

3）倒退两步，转身离开，迅速回到原岗位。

STEP3 送客

顾客离开时，要与顾客告别，欢迎顾客再次光临。

☕ 任务2 / 端送咖啡

STEP1 接单送单

接单送单是针对较大的咖啡门店而言的，其需要接待者帮忙点单，并将点好的单送至收银台下单。现在很多咖啡店中，顾客都是先点单、买单再入座，省去了这一步。也有咖啡店采用自助点单系统，即顾客入座后，扫描桌上二维码进行点单，点单完毕后，接待者与顾客确认单品。

STEP2 端盘

使用托盘端送咖啡，一般用左手托住托盘中间位置，避免侧翻。端送过程中要平稳，避免咖啡溢至杯外。

STEP3 上水

（1）在水杯内加入店内指定的饮用水，水倒八分满。

（2）使用托盘将水杯端至顾客桌前，立于顾客右侧。

（3）用右手轻轻将水杯放置于顾客右手边。

STEP4 摆放咖啡

（1）用右手端咖啡碟，从顾客右手侧放于其两手之间，端放咖啡时要轻拿轻放，咖啡勺平置于咖啡杯前，咖啡杯耳和咖啡勺柄朝向顾客右侧。

（2）摆放咖啡时要平稳，不能溢出。

（3）摆放过程中，手指不能接触杯口。

（4）若有其他与咖啡搭配的配件或者配料要摆放在顾客方便使用的位置，如将糖盅、奶盅置于餐桌中间。

☕ 任务3 / 席间服务

STEP1 巡台

用眼睛扫视一下顾客面前台面上的情况，了解是否需要跟进服务，如是否需要清理台面上的空杯、空盘、垃圾等，水杯是否已见底。

STEP2 加水

（1）立于顾客右手侧，礼貌询问顾客是否需要添加饮用水。

（2）得到肯定答案后，左手轻轻拿起顾客水杯底部，侧身倒水，避免不小心洒在顾客身上。

（3）水倒八分满，轻轻放置在顾客右手侧，放置前细声提醒顾客注意。

STEP3 清理台面

（1）先礼貌询问顾客是否需要清理台面，得到同意后再进行清理；应该在顾客与其他顾客交流间隙时询问，不要影响到顾客与他人的交谈。

（2）清理应该使用托盘一次性完成，不能反反复复，影响顾客体验，清理过程中要轻拿轻放。

（3）清理完杯具和垃圾后，必须用干净的抹布将台面擦拭干净。

（4）清理台面时要注意不要影响到邻桌的顾客。

STEP4 更换用品

如果台面上有需要更换的用品应该及时更换补充，比如台面上餐巾纸盒空了要及时补充。

点单

✳ 知识准备

按照不同条件对咖啡的风味特点进行划分并进行介绍。

一、按照咖啡浓度介绍

向喜欢浓郁咖啡味的顾客推荐意式浓缩咖啡、玛奇朵咖啡、美式咖啡；向喜欢淡一点的咖啡的顾客推荐拿铁咖啡、卡布奇诺咖啡等加奶加糖的咖啡。

二、按照咖啡甜度介绍

如果顾客不喜欢咖啡带甜味，可以建议其选择意式浓缩咖啡或美式咖啡；如果顾客喜欢甜度高的咖啡，可以建议其选择拿铁咖啡、卡布奇诺咖啡加糖。

三、按照乳制品含量介绍

如果遇到不喜欢奶味或者有乳糖不耐症的顾客，可以推荐不加牛奶的意式浓缩咖啡或美式咖啡；如果顾客喜欢奶味重的咖啡，可以推荐拿铁咖啡。

四、按照咖啡温度介绍

如果顾客喜欢冰凉的饮料或者是在夏天温度比较高的时候，可以推荐冰咖啡，如冰意式浓缩咖啡；如果顾客喜欢热的咖啡，可以推荐热美式咖啡、热拿铁咖啡等。

执行

☕ 任务 / 点单操作

STEP1 介绍

（1）询问顾客是堂吃还是外带。

（2）询问顾客在口味上有什么特殊需求，尤其应询问甜度和奶味偏好。

（3）为顾客推荐本店的特色产品，介绍咖啡的口味，询问顾客意见。

（4）介绍时要注意与顾客有眼神交流，面带微笑，语速语调适当，语言要清晰，确保顾客能够听清。

STEP2 记单

要及时将顾客点单的内容输入点单机内，或者用纸笔记录下来，包括饮品的名称、温度、杯型和其他特殊要求，如甜度、冰块含量、配料等。

STEP3 复单

点完单后必须与顾客复核一遍点单内容，顾客的特殊要求要重点核对，尽量避免出错。

STEP4 下单

顾客确认点单内容后，服务人员直接通过点单机下单。

项目③ 收银

＊ 知识准备

收银作业必须快速准确，尽量减少顾客的等待时间。咖啡店收银人员必须熟练掌握必要的收银方法，以便更好地为顾客服务。

一、现金收银方法

收银人员在接受顾客现金付款时，必须清晰大声地说"收您××元"，点清所收的钱款后，用收银机选择正确的付款形式，将金额正确地输入收银机中。应注意将不同面值的现金放入收银机规定的钱格中，不能混放或放错位置。此外，银行卡单及有价抵用券也不能与现金混放。

二、收银动作要求

1. 面带笑容，声音自然，与顾客有目光接触。

2. 若顾客用现金支付，应当着顾客的面点清钱款并确认金额，现金要检查真伪；若顾客用银行卡支付，应礼貌地告诉顾客稍等一下，然后用机器进行刷卡。若顾客用支付宝、微信等移动支付客户端支付，需要提醒顾客打开二维码进行扫描，或打开客户端"扫一扫"功能，扫描置顶二维码进行支付。

3. 钱款应当按面值分类放在收银机规定的钱格中。如需找零则取出准确的零钱，关闭收银机抽屉后，双手将找零现金、收银小票交给顾客。顾客用银行卡支付的，收银人员将银行卡商户交易联单据放入抽屉，将银行卡、顾客联底单、小票等递给顾客。

4. 提醒顾客离开时不要遗忘物品，面带笑容，目送顾客离开。

三、代金券处理方法

当顾客使用本商户代金券时，收银人员应当注意下列事项。

1. 在收取这些代金券时，首先要确认其是否有效。例如，代金券上必须有特定的戳记或钢印，不能有破损或涂改的印迹等。

2. 必须注意各种代金券的使用方式，例如是否可找零，是否可分次使用，是否需开具发票等。

3. 各种代金券收受处理完毕后，应立刻作废，可签上代金券使用人的姓名，或盖上作废的戳记。

4. 收取代金券后，应放在收银柜台的指定位置，等运营结束后再和现金一起缴回保管。

四、零用金管理方法

每天开始营业前，必须将各收银机开机前的零用金备妥，并按面额分类放在收银机的现金盘内。

五、收银错误处理方法

1. 结算错误的处理

当为顾客结算发生错误时，收银人员应做到以下几点。

（1）真诚地向顾客道歉，解释原因并立即予以纠正。

（2）如果收银单已经打出，应立即取回，并将正确的收银单双手递给顾客，并因耽误顾客时间再次向顾客道歉。

（3）请顾客在作废的结算单上签字，并登记入册。

（4）对顾客的理解表示感谢。

2. 营业收付发生长短款错误的处理

收银人员在下班之前，必须清点收银机内的现金，再与收银系统内营业额现金部分进行核对，两者不符时，收银人员应对差额部分写书面报告，解释原因。

（1）如果实收金额小于系统内营业额现金部分，收银人员应根据工作经验，分析出是人为因素造成的还是非控制因素（如设备故障）造成的，以决定收银人员是部分赔偿还是全部赔偿。

（2）如果实收金额大于系统内营业额现金部分，说明收银人员多收了顾客的费用，应该按照门店要求处理，不可瞒报。

3.刷卡不成功的处理

（1）向顾客道歉，并说明需要重新刷卡。

（2）如因机器故障、线路繁忙导致刷卡不成功，应更换机器重新刷卡。

（3）如因线路故障不能刷卡，应请求顾客用现金或手机支付。

（4）如因卡本身的问题导致刷卡不成功，可向顾客解释，请求更换其他银行卡或用现金付款。

执行

☕ 任务 / 买单收银

STEP1 核实账单

（1）如果顾客点单后直接买单，应当口头与顾客确认点单金额，收取钱款并稍后向顾客提供清单。

（2）如果顾客点单后稍后再买单，应当打印清单交给顾客，确认点单内容和金额后再收取钱款。

（3）如果门店运营中有折扣券、会员卡等优惠方式推出，应该先询问顾客，如顾客有需要，应在账单中选择扣除。

STEP2 收钱结账

确认金额后询问顾客结账方式，再收钱结账。

（1）如果顾客用现金结账，收银人员应该当面点清钱款，可借用设备辨别真伪，找零也请顾客当面点清，尽量避免不必要的麻烦。

（2）如果顾客用银行卡、消费卡结账，需要使用刷卡设备完成，刷卡后应让顾客签字确认，然后将卡、顾客联底单、小票交还给顾客。现在也有小金额刷卡无须签字的情况，这主要取决于收单银行对银行卡的设置。

（3）如果顾客使用微信或支付宝等手机支付功能结账，扫描二维码支付即可。收银人员要确认收到款项。

（4）如果顾客是网上支付的，收银人员需要输入支付信息码，例如团购网团购的订单号码。

（5）如果顾客选择的支付方式不能操作，需要及时向其解释原因，争取顾客理解，更换支付方式。

STEP3 致谢

结账后需要将结账单交给顾客，并致谢。

我第一次看到咖啡树是在云南的怒江边，站在海拔1000多米的山坡上，遥望着满山的咖啡树，我不由地创作了一句诗：雪蕊绿萼并红果，山高水碧映梯坡。作为一名咖啡师，我们应该了解我们熟悉的咖啡果到底是怎么生长出来的。

CHAPTER

3

咖啡基础知识

项目 ① 咖啡豆鉴别与推荐

咖啡的植物学分类

界：植物界

门：胚胎植物门

亚门：被子植物亚门

纲：双子叶植物纲

目：龙胆目

科：茜草科

亚科：仙丹花亚科

族：咖啡族

属：咖啡属

图3—1 咖啡的植物学分类

图3—2 咖啡花

✳ 知识准备

一、咖啡豆的品种

1.咖啡的植物学分类

咖啡属于双子叶植物纲龙胆目茜草科"家族"（见图3—1）。这个"家族"的植物通常叶子对生，一个节上有两片叶子，有时也出现叶片卷起，在节点周围出现超过两片叶子，它们的花雌雄同株（见图3—2）。

咖啡属是茜草科的重要分支，其属下有几十种物种，而其中只有少数作为商品进行流通。常见的咖啡物种当属阿拉比卡种咖啡和罗布斯塔种咖啡，它们是商业流通中最主要的两种咖啡物种。利比里卡种咖啡则因产量少、风味差而未大规模产业化种植生产，因此并不常见。

2.咖啡植物学的分支——咖啡亚种

咖啡品种是咖啡植物经选择性育种或自然选择而衍生出的多样化亚种。咖啡品种可以决定咖啡树的生存能力和咖啡杯测质量，还会影响咖啡种植者的经济收益。每个品种都有其特征，如抗病性和果实产量，生产者在种植时应依据这些特征来选择品种。目前全球的咖啡种植品种源于生产者的选择，这些品种的选择会直接影响咖啡种植的可持续发展。

　　随着咖啡全球化种植，无论是野生还是人工栽培，都导致咖啡生长环境和条件发生变化，咖啡基因发生了或多或少的改变，而形成有所差异的栽培种。本土的原生种咖啡则会随着时间的推移发生少量的基因突变，形成变种。人类还会根据自己的喜好、种植产量、商业价值等因素对咖啡基因进行人为干涉，形成不同的杂交种。因此，为了更好地研究咖啡的形态特征，在咖啡物种下面，还进行了细分。

　　（1）变种（variety）。变种保留了物种的大部分特征，但在某些方面有所不同，可以理解为基因自然突变。按照植物学分类划分等级，它小于物种和亚种但大于变型。

　　（2）栽培种（cultivar）。栽培种是由园艺或农业技术人工栽培的品种，而非在自然界中发现的品种。我们平时所了解的大多数咖啡品种都属于栽培种，其中以波旁种和铁皮卡种最广为人知。

　　（3）杂交种（hybrids）。杂交种通过两种不同物种之间的杂交或两种相同物种不同变型之间的杂交而产生。杂交可以是人为选择性育种，也可以自然发生，如蒙多诺沃（*Mundo Novo*）是铁皮卡种和波旁种的杂交种。

　　3．商业流通的咖啡物种

　　之前也讲过，全球范围内流通的咖啡物种主要是阿拉比卡种咖啡和罗布斯塔种咖啡。这两种咖啡物种无论在生长条件、产量、外观形状（见图3—3）还是口感上都有较大的差异。

　　（1）阿拉比卡种咖啡

　　1）生长环境。阿拉比卡种咖啡树是最古老的咖啡树种，原产于埃塞俄比亚西南高原森林，是高处生长物种，通常生长在山区、高原或火山的斜坡上，最适宜的生长

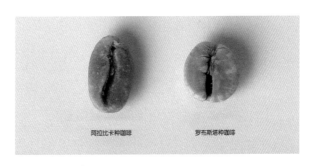

图3—3 阿拉比卡种咖啡与罗布斯塔种咖啡的外观形状对比

高度在海拔500～2000 m，海拔越高，品质越好，因此也被称为"高山咖啡"。这些地区的降水量稳定且昼暖夜凉，年平均气温为15～24℃。

2）种植特征。阿拉比卡种咖啡主要种植在高海拔区域，不耐高温，容易受冻，容易患病，容易受虫害影响（见图3—4），需要细心照料看护。阿拉比卡种咖啡雌雄同株，能自我授粉繁殖。野生的阿拉比卡种咖啡树正常生长可以长到4～6 m。叶子对生，呈椭圆形、卵形或长圆形，长6～12 cm，宽4～8 cm，是有光泽的深绿色（见图3—5）。花呈白色，直径10～15 mm。成熟的咖啡果大部分呈红色（见图3—6），有少量黄色、粉色或者橙色，这取决于咖啡品种。

图3—4 受到虫害影响的咖啡果 图3—5 咖啡树叶和未成熟的咖啡果 图3—6 成熟的咖啡果实

3）种植产量。阿拉比卡种咖啡是第一批人工种植的咖啡，迄今为止仍是占主导地位的咖啡物种，占全球咖啡产量的60%～70%。

4）感官特征。阿拉比卡种咖啡酸度高，醇度低，口感平滑，风味多样，会有花香味、水果味和坚果味，普遍被认为相较其他咖啡品种更优越，因此主要用于制作现磨咖啡，其咖啡因含量在1%～1.5%。

（2）罗布斯塔种咖啡

1）生长环境。罗布斯塔种咖啡起源于撒哈拉以南非洲中部和西部，主要区域在刚果（金）、乌干达。它的根系浅，生长成坚硬的乔木或灌木，自由生长可以长至8～12 m。罗布斯塔种咖啡种植需要更加湿润、温暖的环境，通常种植于海拔 500 m 以下的地区。

2）种植特征。罗布斯塔种咖啡树可以在平地生长，对外界的适应性极强，具有耐高温、耐低温、抗病性强、抗虫害的特点，不需要太多人工照顾，可以在野外生长，而且由于不易受病虫害的影响，罗布斯塔种咖啡比阿拉比卡种咖啡需要更少的除草剂和杀虫剂。

3）种植产量。目前罗布斯塔种咖啡占全球咖啡总产量的 30% ~ 40%。但由于罗布斯塔种咖啡的单株作物产量高于阿拉比卡种咖啡，比阿拉比卡种咖啡更容易照顾，生产成本也更低，经济收益更高，得到了更多咖啡种植者的青睐，因此罗布斯塔种咖啡在全球的种植比例逐渐增加。越南是世界上最大的罗布斯塔种咖啡种植国和出口国，越南的罗布斯塔种咖啡由法国殖民者于 19 世纪后期引入。印度、巴西和西非等也种植生产一定量的罗布斯塔种咖啡。

4）感官特征。罗布斯塔种咖啡豆形较大，正面渐趋圆形，背面呈圆凸形，裂纹直。它的酸度低，苦味强，口感更浓郁，具有独特的麦子风味，主要用于速溶咖啡、意式浓缩拼配咖啡。传统意式拼配咖啡豆中混合 10% ~ 15% 的罗布斯塔种咖啡豆，可以提供更好的口感和油脂。

罗布斯塔种咖啡的培育和加工处理长期处于被忽视的状态，罗布斯塔种咖啡通常采用日晒处理而不是水洗处理，因此口感更粗糙。但是，其强烈的味道可以应用在混合咖啡中提升咖啡浓度。在意大利的咖啡文化中，人们使用精细的水洗处理工艺处理罗布斯塔种咖啡，可以明显提升罗布斯塔种咖啡的品质，使其比低品质的阿拉比卡种咖啡更加柔和。

较之阿拉比卡种咖啡，罗布斯塔种咖啡的咖啡因含量更高，为 2% ~ 3%，是阿拉比卡种咖啡的两倍，而含糖量更少，只有 3% ~ 7%（阿拉比卡种咖啡是 6% ~ 9%）。

为了更好地了解阿拉比卡种咖啡与罗布斯塔种咖啡的区别，我们将其特征进行对比分析，见表 3—1。

表3—1 阿拉比卡种咖啡豆和罗布斯塔种咖啡豆特征对比		
品种	阿拉比卡种	罗布斯塔种
口味、香气	优质的酸味和香味	香味类似炒过的麦子，酸味不明显
豆子形状	扁平、椭圆	较阿拉比卡种圆
树高	4 ~ 6 m	8 ~ 12 m
每树收成量	多	更多
种植海拔	500 ~ 2000 m	500 m 以下
适合温度	不耐高温、低温	耐高温、耐低温
适合雨量	不耐多雨	耐多雨
占世界生产量百分比	60% ~ 70%	30% ~ 40%
咖啡因含量	1% ~ 1.5%	2% ~ 3%

二、咖啡树种植区域

1. 咖啡树种植区域概述

世界上几乎所有的咖啡树都生长在赤道附近，北回归线到南回归线之间的热带区域，这个种植咖啡的区域被称为"咖啡带"或者"咖啡圈"。

（1）咖啡树的种植条件。大部分咖啡树的种植条件都很简单，只需拥有符合它们生长需求的环境条件：气候温和，阳光充足，雨量充沛，旱季明显（咖啡工人需要在干燥的季节采摘咖啡果实）。

（2）全球咖啡带区域。咖啡带分布于非洲、亚洲、中南美洲和大洋洲。由于大洋洲咖啡产量与其他三个大洲相差较多，因此我们通常习惯性称咖啡有三大产区，即非洲咖啡豆产区、亚洲咖啡豆产区和美洲咖啡豆产区。目前世界上咖啡产量最大的四个国家分别是巴西、越南、哥伦比亚、印度尼西亚。洪都拉斯的咖啡产量逐年增加，在2017—2018年咖啡产季超越埃塞俄比亚，成为全球第五大咖啡生产国，这也说明每年咖啡生产国的产量会受各种不确定因素影响，而导致排名变化。

2. 非洲咖啡豆产区

非洲作为咖啡的原产地，最初是将其作为也门的一种商业经济作物种植开发的。因此，非洲至今仍保留着两个世界上最古老、最传统的咖啡产地：埃塞俄比亚东北部的哈拉尔和与其隔着红海的也门，这两地的咖啡果都是采摘后直接在屋顶干燥处理的，两者都表现出一种野生的、复杂的、稍微发酵的水果味。

非洲大陆咖啡产量约占全球产量的12%，而埃塞俄比亚和乌干达的咖啡产量共占撒哈拉以南非洲咖啡产量的62%，科特迪瓦紧随其后，是西非最大的咖啡生产国，也是撒哈拉以南非洲第三大咖啡生产国。如图3—7所示。

非洲咖啡总产量相对其他两个大产区而言偏少，但其咖啡豆却受到了咖啡品鉴者的高度评价。东非沿南北长轴种植着世界上一些最有特色的咖啡，这条南北长轴始于阿拉伯半岛南端的也门，结束于非洲南部的津巴布韦，包括埃塞俄比亚、肯尼亚、坦桑尼亚、赞比亚等咖啡产地。这些产地的咖啡通常散发着各种诱人的花香和水果香。

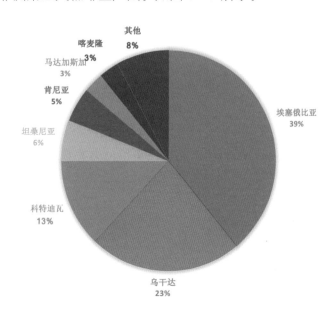

图3—7 非洲咖啡种植产量分布情况

（1）埃塞俄比亚咖啡豆产区。埃塞俄比亚作为咖啡的起源地，在整个咖啡发展史上占据着非常重要的地位。埃塞俄比亚较好地保留了咖啡的原生种，使其更为多样化和更具特色，成为非洲最具代表性的咖啡生产国，目前的咖啡豆产区主要有西达摩、哈拉尔和大吉玛，其中以西达摩的耶加雪菲产区最为著名。耶加雪菲水洗处理的咖啡豆拥有茉莉花的清新花香、柠檬柑橘风味，酸质明亮，余香环绕舌尖，质感柔和，口感黏度极佳；部分地区也采用自然干燥法来处理，处理后的咖啡豆有丰富的蜂蜜、莓果、柑橘和红酒的香气和风味，因此成为世界上最有名的精品咖啡之一。

（2）肯尼亚咖啡豆产区。肯尼亚咖啡豆产区是当代咖啡产地中最受人钦佩的，虽紧挨咖啡原产地埃塞俄比亚，却是最晚种植咖啡的国家之一，到1900年才由英国人在这个以茶饮为主的国家推行咖啡种植。肯尼亚咖啡主要种植在1400～2000 m的高海拔地区，主要品种为SL28、SL34。

种植海拔高度、土壤、气候等不可预估的因素，使得肯尼亚咖啡豆拥有甜蜜的水果味和柑橘味、强烈的葡萄酒酸味，醇度适中，口感干净，几乎没有缺陷和异味，成为东非地区高品质咖啡豆的代表。

（3）坦桑尼亚咖啡豆产区。坦桑尼亚的阿拉比卡种咖啡主要生长在乞力马扎罗山和梅鲁山的山坡上。在运输过程中或交易市场上，这些咖啡被称为乞力马扎罗山咖啡。坦桑尼亚产的咖啡豆具有非洲阿拉比卡种咖啡豆典型的明亮酸味，醇厚，风味丰富。

咖啡在非洲主要是作为一种经济作物出口，因为除埃塞俄比亚之外地区的非洲人喝咖啡相对较少，特别是肯尼亚和乌干达的当地人以饮茶为主。埃塞俄比亚、马达加斯加、科特迪瓦等主要咖啡消费国，人均咖啡消费量远低于其他新兴市场。但这种情况正在发生变化，该地区新兴的城市化中产阶级正在推动当地咖啡的消费，这种变化从当地咖啡连锁店的日益增多中可以看出。

3. 亚洲咖啡豆产区

亚太地区最著名和最有特色的咖啡源于马来群岛。苏门答腊岛、苏拉威西岛和帝汶岛经传统水洗加工的咖啡豆拥有着复杂的水果味、泥土味和烟丝味。苏门答腊岛和爪哇岛经湿泡法处理的咖啡豆光亮而富有花香，还能从中感受到从微妙到强烈芬芳的酸味。

（1）越南咖啡豆产区。越南是继巴西之后世界第二大咖啡生产国。越南咖啡主要种植于南部，以罗布斯塔种咖啡为主（占其咖啡总产量的97%左右），越南也是世界第一大罗布斯塔种咖啡生产国。其北部主要种植阿拉比卡种咖啡，由于种植面积的扩大，而且受售价影响，其阿拉比卡种的产量逐步上升。越南咖啡于 1857 年由法国人引进，通过种植制度发展起来，并成为该国的主要经济力量，是其主要收入来源。

（2）印度尼西亚咖啡豆产区。印度尼西亚主要有三个咖啡豆产区，分别是苏门答腊岛、苏拉威西岛和爪哇岛。

1）苏门答腊岛咖啡豆产区。苏门答腊岛是印度尼西亚最核心的咖啡豆产区，其北部的林东区和曼特宁区种植着传统的优质阿拉比卡种咖啡，通常以其地名命名。曼特宁咖啡豆香气浓郁，有类似巧克力和坚果的风味，酸味优质、令人愉悦，酸度适中，口感厚实，甜味明显，适合深度烘焙，烘焙后咖啡豆颗粒较大，但其栽种处理过程中很容易出现瑕疵豆，外形比较丑。

早期的猫屎咖啡也出自苏门答腊岛，叫作麝香猫的小动物在食用咖啡果实之后，将未消化的咖啡种子随粪便一起排出体外，苏门答腊岛部分地区的村民从野生的麝香猫粪便中收集这些咖啡豆。猫屎咖啡以其独特的处理方式和风味特征，一度风靡全球。

2）苏拉威西岛咖啡豆产区。这个地区既可以种植出酸味活泼、醇度适中、平衡感好，类似曼特宁的高品质咖啡，也会种植出品质差，有泥土味、灰尘味、霉味的咖啡豆。

3）爪哇岛咖啡豆产区。18 世纪初，荷兰人在爪哇岛种植了第一批阿拉比卡种咖啡树，后来爪哇岛受叶锈病影响，大部分咖啡种植区域改为栽种抗病的罗布斯塔种咖啡。爪哇岛咖啡由于在大农场经受了复杂的湿加工和烘干处理，因此口感更加清爽、干净、明亮，有明显的甜味，有浓郁的坚果、香料和香草香气。当然，处理不好的咖啡同样伴随着泥土味和霉味。

（3）印度咖啡豆产区。印度出产的阿拉比卡种咖啡往往更甜，具有花香，酸度低。印度也出产世界上最好的罗布斯塔种咖啡，最具代表性的就是马拉巴季风豆。它是一种经过干燥加工处理的咖啡豆，暴露于潮湿的季风中数星期使其酸度减弱，醇厚度提升。

（4）中国咖啡豆产区。中国最早开始种植咖啡的地区是台湾，之后云南、海南、广东、广西、福建、四川等地都有种植，其中云南咖啡种植面积最广、种植产量最大，占中国咖啡总产量的98%以上。云南种植咖啡的地区主要有普洱、保山、德宏、西双版纳和临沧，以种植铁皮卡种咖啡和卡蒂姆种咖啡为主。

4. 美洲咖啡豆产区

美洲是世界上咖啡产量最大的地区，咖啡遍布在拉丁美洲的山区，从墨西哥南部往南，贯穿整个中美洲，延续到南美洲的哥伦比亚、玻利维亚、秘鲁和巴西高原，并涵盖加勒比海大岛屿的高地。典型的拉丁美洲咖啡表现出明亮、活泼的酸味和干净清爽的口感。因为美洲产区跨度大，种植的咖啡品种多，所以这个产区的咖啡口味表现非常丰富多样。

中美洲和哥伦比亚高海拔地区种植的咖啡往往表现出优质、明亮的酸味和饱满的醇厚感。加勒比海地区的咖啡，包括著名的牙买加蓝山，都更倾向于体现浓郁而圆润的均衡感，酸味低。中美洲低海拔地区产的咖啡则更加柔顺、圆润。

（1）危地马拉咖啡豆产区。危地马拉地处中美洲，咖啡主要种植在高海拔的山区，其中以安提瓜火山区盆地和薇薇特南果地区最为著名，因其保留了更多的阿拉比卡传统品种——铁皮卡种和波旁种。安提瓜的火山土壤使其产出的咖啡更具特色，风味多样。危地马拉咖啡大多数种植在阴凉处，大农场会进行严格的遮阴处理，小农场则在丛林中种植咖啡树，精细化的种植管理只为追求更卓越的咖啡品质。危地马拉产的咖啡主要表现为烟丝、香料、坚果、巧克力风味。

（2）哥斯达黎加咖啡豆产区。哥斯达黎加的咖啡生产始于1779年，是100%种植阿拉比卡种咖啡豆的国家，而且从法律上禁止种植低质量的咖啡豆，鼓励农民追求更卓越的品质。

哥斯达黎加70%以上的咖啡种植在高海拔的山区，这些山区温暖的气候、理想的降雨量、富含火山灰的土壤为种植最优质的阿拉比卡种咖啡豆提供了适宜的环境，优美的自然风光也使其成为参观咖啡种植的理想之地。

哥斯达黎加多样的热带气候和山区海拔高度的差异使其拥有各种各样的微气候和湿度，适合种植不同品种的咖啡，因而形成了八个不同的产区和各自独特的咖啡风味，也为咖啡的香气、醇度、风味和酸度提供了更多的变化。这些产区中，塔拉苏（Tarrazú）最为著名。

（3）巴拿马咖啡豆产区。巴拿马是精品咖啡市场中较新的一员，其最好的咖啡生长在巴拿马北部，靠近哥斯达黎加的地区。该产区虽然加工技术上比较先进，但是种植方法更偏向传统，该产区大部分的咖啡来自种植在树荫下的传统典型品种的咖啡树。也许由于传统的遮荫品种的优势，巴拿马咖啡一般表现出比邻国哥斯达黎加出产的咖啡更加复杂和独特的特征。

巴拿马拥有众多知名的咖啡庄园，特别是巴拿马西部奇瑞基省（Chiriqui）的波奎特产区（Boquete）。巴拿马几个经营良好的庄园中，咖啡的生长过程被细心照顾，其产出的咖啡有着活泼、轻柔的酸味，口感从圆润到丰富、复杂、明亮的酸味完美过渡。

（4）牙买加咖啡豆产区。牙买加的蓝山位于南部的金斯顿和北部的安东尼奥港之间，海拔高达到2256 m，是加勒比地区最高的山峰之一。该地区气候凉爽、雨量充沛、土壤肥沃、排水良好，是种植咖啡的理想环境。在牙买加蓝山上生长的蓝山咖啡因其口感均衡、温和、酸甜平衡、无苦味而成为世界上最著名、最昂贵的咖啡之一。

牙买加蓝山咖啡是有认证标志的，只有经过牙买加咖啡行业协会认证的咖啡才能被贴上"蓝山咖啡"的标签。蓝山咖啡来自牙买加蓝山地区一个公认的成长区域，其种植过程由牙买加咖啡行业协会监测。一般来说，从圣安德鲁、圣托马斯、波特兰和圣玛丽教区收获的咖啡才可能被认证蓝山咖啡。

传统上，只有在海拔910～1700 m之间生长的咖啡才能被称为牙买加蓝山咖啡。在海拔460～910 m之间生长的被称为牙买加高山咖啡，在海拔460 m以下生长的被称为牙买加优质咖啡或低山咖啡。在牙买加，海拔1700 m以上的土地均为森林保护区，因此几乎没有咖啡种植在那里。

牙买加蓝山咖啡的名气和高昂的价格促使一些带有欺诈性质的混合咖啡产生,如蓝山拼配咖啡,实际上含蓝山咖啡量很少;或蓝山"风味"咖啡,其实根本不是蓝山咖啡。

(5)哥伦比亚咖啡豆产区。哥伦比亚是继巴西和越南之后的世界第三大咖啡生产国,也是世界上精品咖啡的主产地,生产大量且品质稳定的优质阿拉比卡种咖啡,有传统的铁皮卡种、波旁种、卡杜拉种、抗病杂交品种,也有一些稀有名贵品种,如瑰夏(Gesha)。

哥伦比亚受安第斯山脉的地形影响,从南至北分为三大区域——南部、中部和北部,其中南部的惠兰(Huila)、考卡(Cauca)、娜玲珑(Narino)最为著名。哥伦比亚咖啡豆主要采用水洗处理方法,也有少量用日晒处理方法与蜜处理方法。哥伦比亚出口的咖啡按照等级划分,最高等级是特优级(supremo),其次是上选级(excelso)。哥伦比亚咖啡质量中上,没有极端好或差,风味活泼,有细致的水果风味,酸味充满活力且不尖锐,醇度适中。

(6)巴西咖啡豆产区。巴西是世界上最大的咖啡生产和出口国,其咖啡产量占世界咖啡总产量的三分之一。巴西是世界上最大的阿拉比卡种咖啡生产国,罗布斯塔种咖啡产量略低于越南,居世界第二。

巴西咖啡种植主要分布在东南部的米纳斯吉拉斯州(Minas Gerais)、圣保罗州(Sao Paulo)和巴拉那州(Parana),环境和气候条件十分理想。巴西咖啡种植的海拔高度主要在 600 ~ 1000 m,远远低于中美洲。较低的海拔意味着巴西咖啡的酸度相对较低且不够明亮。半日晒处理法是巴西的咖啡农场主要采用的加工方法。

巴西咖啡豆种类多,产量大,口感均衡、柔和、顺滑,醇厚度适中,甜感好。正因为它的均衡与柔和,使得它在与其他咖啡豆拼配混合时,不易改变其他咖啡豆的味道,而且它的咖啡油脂细腻丰富,适合与其他咖啡豆混合作为意式拼配咖啡豆。巴西咖啡豆价格实惠、稳定,因此市面上绝大多数的拼配咖啡豆都含有巴西咖啡豆。

执行

🍵 任务1 / 品尝咖啡液，鉴别咖啡品种

STEP1 闻咖啡香气

如图 3—8 所示，将鼻子轻轻贴近咖啡液，阿拉比卡种咖啡的香气偏向于花香、水果香、坚果香，罗布斯塔种咖啡的香气以坚果香、大麦香、芝麻香为主。

STEP2 品尝咖啡，评价咖啡的口味和口感

如图 3—9 所示，品尝咖啡液。阿拉比卡种咖啡的风味偏向于水果味、坚果味，酸度较高，醇度较低；罗布斯塔种咖啡的风味偏向于大麦味、稻草味、坚果味，酸度较低，醇度较高。

图 3—8 闻咖啡香气

STEP3 判定咖啡的品种

结合咖啡的香气、口味和口感，判断咖啡是阿拉比卡种咖啡还是罗布斯塔种咖啡。

图 3—9 品尝咖啡液

🍵 任务2 / 推荐酸味较好的咖啡

STEP1 介绍推荐的咖啡豆品种名称

阿拉比卡种咖啡相较于罗布斯塔种咖啡酸度更高，酸味更加清新、明亮、优质，因此建议推荐阿拉比卡种咖啡。

STEP2 介绍该品种简要信息

从阿拉比卡种咖啡种植的海拔高度、种植范围及产量、对种植环境和气候

的要求、咖啡因含量等角度介绍其信息。

STEP3 介绍该品种的风味特点

阿拉比卡种咖啡风味更加丰富多样，有花香味、水果味、坚果味、可可味等。

STEP4 询问意见

介绍完咖啡后要询问顾客意见，询问其是否需要该咖啡，如果需要则开始制作咖啡，如果不需要可以再推荐其他款。

项目② 咖啡豆处理方法的鉴别

＊ 知识准备

一、咖啡果实结构

咖啡果实是一种类似樱桃的水果，因此英文通常称其为 coffee cherry（cherry 意为樱桃）。

咖啡果实的内部大致可以分为5层，其解剖结构如图 3—10 所示。

图 3—10 咖啡果实解剖图

1. 外果皮、果肉（outer skin/pulp）

咖啡果实成熟时红色的皮通常被称为外果皮，外果皮一般都与果肉黏合在一起。外果皮除了红色之外，还会有少量橙色、黄色、粉色。

2. 黏质物（mucilage）

果肉内有一层黏稠的黏质物将咖啡豆严密地包裹着，它是一层黏性大、含糖量极高的物质，通常也被称为"蜜（honey）"。经常听到的蜜处理法就是与之有关。

3. 羊皮纸（parchment）

在黏质物内部有一层纤维素组成的薄膜，被称为羊皮纸，因其外形类似羊皮纸而得名，有时也被称为内果皮。

4. 银皮（silver skin/chaff）

羊皮纸内最贴合咖啡生豆的是一层更轻薄的薄膜，其色泽光亮，略显银白色，故而被称为"银皮"。在咖啡豆加工过程中，生豆表面的银皮会被打磨掉，但仍然会有部分残留。银皮在烘焙过程中也会脱落，烘焙度越深，脱落得越干净，因此浅烘焙的咖啡豆还会有少量的银皮存在。

5. 咖啡生豆、豆心（green bean/center cut）

通常每个咖啡果实内都有两颗对半生长的咖啡生豆，但也有少数会出现只有一颗咖啡生豆单独生长的情况，这种咖啡生豆我们一般称之为"公豆（peaberry）"。还有极少数情况会在一个咖啡果实内发现三颗咖啡生豆。咖啡生豆经过烘焙之后就是我们平时所见到的咖啡熟豆。

二、咖啡生豆处理方法

咖啡生豆处理方法是咖啡加工过程的重要组成环节，主要指将咖啡果实变为咖啡生豆的过程。目前全世界在使用的处理方法大致有五种，分别是日晒处理方法、水洗处理方法、半日晒处理方法、蜜处理方法和湿泡处理方法，其中以日晒处理方法、水洗处理方法和半日晒处理方法为主。

1. 日晒处理方法（自然干燥法）

日晒处理方法是指咖啡果实在采摘之后不经处理，直接在阳光下晾晒干燥，这是现存最古老的处理方法，又称为自然干燥法，习惯中也称日晒法，如图3—11所示。该方法的处理过程通常要持续2周左右，这个过程中需要将新收获的咖啡果实进行分类和晒干，避免交叉混合导致咖啡豆含水量不一致。

日晒处理方法的成本较低，但要求当地气候极为干燥，晾晒过程中需要有人定期翻动，确保晾晒均匀且通风，避免果实堆积导致散热不畅而发霉。在某些地区，人们会利用烘干机辅助咖啡果实的干燥（烘干机的热风能够加快干燥

图3—11 日晒法处理咖啡果实

过程，帮助人们控制干燥程度）。日晒处理方法最关键的步骤是要将咖啡果实干燥到合适的程度，水分过多时咖啡果实不易储存，容易受到细菌和真菌的侵袭；过度干燥会导致咖啡豆过于脆弱，不利于咖啡烘焙。

大部分日晒过程是在水泥晾晒场完成的（见图3—12），但是品质较好的咖啡豆还会使用木架腾空晾晒，这样的晾晒场称为"非洲晒床"或"埃塞俄比亚晒床"（见图3—13）。

2.水洗处理方法

图3—12 晾晒场晾晒咖啡豆　　　图3—13 晒床晾晒咖啡豆

水洗处理方法通常简称水洗法，是目前全球使用最广泛的咖啡处理方法。

水洗过程可以将咖啡果实清洗干净，去除杂物，如泥污、树枝、树叶、石块等，接着会将清洗后的咖啡果实放到机器里去除外果皮、果肉。除去的外果

皮、果肉会经过处理作为肥料放回种植园。去除果肉的咖啡果表面仍然存在一层黏质物，需要通过在发酵池里发酵让黏质物脱离，再用水洗涤除去剩余物质。具体过程如下。

（1）水洗选豆。将采收的咖啡果实放在装满水的水槽里，浸泡一段时间。这时成熟的果实会沉下去，而采摘过程中混入的树枝、树叶，未熟和过熟发霉的果实都会漂浮上来，可将其剔除。

（2）去除外果皮、果肉。使用机器将外果皮与果肉除去，这时，咖啡豆的外面还有一层黏质物，如图3—14所示。

（3）发酵。黏质物的附着力很强，不易去除，必须放在发酵池中使其发酵分解，如图3—15所示。发酵的方法有加水的湿发酵和不加水的干发酵两种。发酵的过程中，咖啡豆的内部会产生特殊的变化，这是水洗法中最影响咖啡豆风味的一个步骤。

（4）水洗。使用水洗法的农场一定要建造水洗池，并引进源源不绝的活水。

图3—14 去除外果皮、果肉的咖啡豆 　　　图3—15 咖啡豆放入发酵池

处理时，将完成发酵的咖啡豆放入池内，来回推移，利用咖啡豆间的摩擦与流水的力量将咖啡豆洗到光滑洁净，如图3—16所示。

（5）干燥。经过水洗后，咖啡豆还包裹在内果皮里，含水率达50%以上，需要再进行干燥，使其含水率降至10%～12.5%，否则咖啡豆将继续发酵，发霉腐败。可以将咖啡豆放在阳光下直接干燥，也可以用机器干燥，如图3—17所示。

图3—16 水洗后的咖啡豆　　　　图3—17 干燥后的咖啡豆

（6）脱壳。干燥后的咖啡豆储存在仓库里，在销售前会交给工厂进行脱壳，除去内果皮与银皮。

（7）筛选分级。水洗法处理的咖啡豆也有筛选分级的过程，剔除瑕疵咖啡豆以使咖啡品质更佳，然后交给出口商销售到世界各地。

3. 半日晒处理方法

半日晒处理方法主要在巴西使用，当咖啡农场里四分之三的咖啡果实变红，就开始用机器采收，再用卡车将采下的咖啡果实运至咖啡加工厂进行加工。加工过程中，先进行与水洗法相同的前置作业，再将咖啡果实倒入水槽内剔除杂物和未熟、过熟的果实。但其后的步骤不是发酵，而是在户外的咖啡豆晾晒场晾晒。由于巴西气候很干燥，约一天左右黏质物就会变硬。再用人力上下翻动，让咖啡豆里外均匀干燥，以免回潮发霉。约经两至三天，借助阳光与干燥气候，咖啡豆可达到一定的干燥度，如图3—18所示。接着用烘干机进一步干燥，咖啡豆含水率可降至10.5% ～ 12%。再将咖啡豆储存到特制的容器内约十天，使其进一步成熟，以求品质稳定。出口前再磨掉羊皮纸，取出咖啡豆，分级包装。

半日晒处理方法与水洗法的区别：一是可大幅降低耗水量，完成巴西咖啡豆的品质跃进；二是节省工期，且产出的咖啡豆兼有日晒豆的黏稠度、甜感和水洗豆的干净度，酸味又比水洗豆柔和，适合做浓缩咖啡。半日晒处理方法处理的咖啡豆含糖量比水洗法高2%。

图 3—18 半日晒处理法干燥的咖啡豆

三、不同处理方法咖啡豆的感官特征

1. 日晒处理方法咖啡豆的感官特征

日晒处理方法通常被认为是效果较差的一种咖啡豆处理方法，可能会导致咖啡豆的风味不一致。这种不一致往往是未成熟或成熟过度甚至发霉的果实和正常果实一起干燥引起的。另外，晾晒过程中的日晒温度、光照时间、翻动频率都会影响咖啡豆的风味。而且日晒过程中杂物容易混入，翻动不到位还会导致咖啡果实发霉出现异味。

不过，也有很多人认为日晒过程能创造出更具有潜力、风味更佳的咖啡豆。正是日晒过程中的不稳定因素让咖啡豆的风味和口感更具变化，风味域更广，而且具有不可预见性。精心挑选的日晒咖啡豆常常带来令人难以置信的杯测体验。日晒咖啡豆酸度较水洗的低，但更醇厚，有热带水果、莓果、蜜饯、红酒等风味。

2. 水洗处理方法咖啡豆的感官特征

水洗处理方法用水洗去了咖啡果实中的杂物，剔除了未成熟或过度成熟的果实，使咖啡豆口感干净清爽，酸味清新明亮，主要表现为花香、柑橘类水果味、坚果味等。但水洗过程中水会带走咖啡生豆中易溶于水的物质，导致其甜度和醇厚度不如日晒法处理的咖啡豆好。

3. 半日晒处理方法咖啡豆的感官特征

半日晒处理方法用较少的水来生产特定类型的咖啡，省去发酵阶段使得少量的黏质物仍然会吸附在羊皮纸外。由于黏质物中含有大量的糖分，干燥过程中会渗入到咖啡生豆内，增加咖啡豆的醇厚度和甜度。半日晒处理方法结合了水洗法前段水洗的过程，因此口感更加干净清爽，酸味更加柔和；后段保留了日晒法自然干燥的过程，因此也有不错的醇厚度。因此，半日晒处理方法处理后的咖啡豆整体表现更加均衡。

执行

☕ 任务 / 鉴别咖啡豆的处理方法

STEP1 准备工作

准备 3 个杯测杯、6 个杯测勺、1 个秒表、1 台单品咖啡磨豆机、1 个电子秤、1 个热水壶。

STEP2 称取等量样品咖啡豆

每种样品称取 11 g 咖啡豆。

STEP3 研磨咖啡粉

使用单品咖啡磨豆机研磨咖啡粉，研磨至 70% ~ 75% 的咖啡粉可以通过 850 μm 的过滤筛。每次更换咖啡豆前需要使用少量咖啡豆清洗磨盘。将研磨好的咖啡粉倒入杯测杯中。

STEP4 注水静置

在杯测杯中注入 200 mL 92 ~ 96℃的热水，静置 4 min。

STEP5 破壳撩渣

用杯测勺将杯测杯中的咖啡粉渣撩干净。

STEP6 品尝咖啡液

使用杯测勺饮用咖啡液。

STEP7 判定咖啡豆的处理方法

通常按照酸度和醇度的高低区分咖啡豆不同的处理方法。酸度高、醇度低的是水洗法处理的咖啡豆，醇度高、酸度低的是日晒法处理的咖啡豆，酸度、醇度平衡的是半日晒处理方法处理的咖啡豆。

项目③ 咖啡熟豆的储存

＊ 知识准备

一、咖啡熟豆的分类

咖啡熟豆按照咖啡豆的来源和组成可以分为单品咖啡豆和拼配咖啡豆。

1. 单品咖啡豆

单品咖啡豆的全称是单一原产地同一品种咖啡豆，即产地一样、品种一样的咖啡豆。它主要体现咖啡豆原本的风味特征。风味独特的高品质咖啡豆一般不会拿去做拼配，这与中国优质茶叶类似。

单品咖啡豆口感特别，或清新柔和，或香醇顺滑，价格较高。

2. 拼配咖啡豆

（1）拼配咖啡豆的定义。拼配咖啡豆是指由两种或两种以上的单品咖啡豆（通常不会超过五种）拼配而成的咖啡豆组合。另外，不同处理工艺和不同烘焙程度的单一原产地同一品种咖啡豆拼配而成的也称为拼配咖啡豆。拼配咖啡豆通常可以分为生豆拼配（生拼）和熟豆拼配（熟拼）两种。

（2）拼配咖啡豆的优点

1）可以拼配出风味更加完整、多样的咖啡豆，适合不同的用途。

2）可以稳定咖啡豆品质。

3）可以让咖啡豆配方更保密。

4）可以降低咖啡豆成本。

二、咖啡熟豆新鲜度的重要性

新鲜的咖啡豆香气更加丰富，风味更加多样，口感醇厚，余韵持续时间更久。随着时间的推移，咖啡豆的香气会减弱，口感会变得单薄。不新鲜的咖啡豆会出现让人不愉悦的泥土味、灰尘味、陈年木头味及油脂酸败反应产生的哈喇味。

三、咖啡熟豆的常见包装方式

咖啡熟豆常见的包装方式有金属罐装、铝箔袋装和牛皮纸袋装。

金属罐装的咖啡豆通常会充以惰性气体（如氮气）使其更易保存，视觉上更加美观、上档次。

铝箔袋和牛皮纸袋通常都带有单向气阀，用于排放咖啡豆烘焙后产生的二氧化碳气体，避免胀包，同时避免空气进入包装内与咖啡豆油脂发生氧化反应导致酸败。通过包装上的单向气阀可以闻到咖啡的香气，如图3—19所示。工厂生产的咖啡豆通常会选用铝箔袋包装，独立烘焙咖啡店或小型烘焙工作室通常用牛皮纸袋包装。

3—19 透过单向气阀闻咖啡香气

执行

🍵 任务 / 储存咖啡熟豆

STEP1 选择包装器具

开封后的咖啡熟豆通常使用干净的食品级密封罐或者自封袋来保存。

STEP2 密封

将咖啡熟豆放入密封罐内，盖好密封盖；或放入自封袋，先将空气排出，再用密封夹夹紧。

STEP3 选择储存区域

由于咖啡熟豆的吸味能力很强，因此咖啡熟豆必须储存在干燥、避光、干净无异味的区域，不能放在潮湿或者有异味的地方，避免受潮或者串味。

提高

一、影响咖啡熟豆储存的因素

影响咖啡熟豆储存的因素有氧气、温度、湿度、光照。

1. 氧气

咖啡熟豆中含有丰富的油脂，与空气中的氧气接触后容易发生氧化反应，接触时间越长，咖啡可储存的时间越短。

2. 温度

经过烘焙后的咖啡豆会产生数百种芳香物质，它们是咖啡香气与风味的主要来源。这些芳香物质中让人愉悦的优质物质随着温度升高很容易挥发。因此，温度越高，咖啡熟豆可储存时间越短。

3. 湿度

咖啡豆烘焙后水分基本蒸发，豆心内部变成空洞而体积变大，很容易吸附水分受潮，易发生水解和霉变，湿度越高，咖啡熟豆可储存时间越短。

4. 光照

光催化氧化反应，会提高咖啡氧化的速率，加速咖啡酸败。因此，咖啡熟豆应该避光保存，保存在透明食品袋内或者玻璃罐内会缩短咖啡熟豆的储存时间。

二、咖啡养豆

咖啡生豆经过烘焙后会产生大量的二氧化碳气体，为了使咖啡风味和品质稳定，同时避免咖啡熟豆包装后产生胀包的现象，需要有排放二氧化碳气体的过程，这个过程被称为咖啡养豆。浅烘焙的咖啡豆产生的二氧化碳少，养豆所需时间很短，一般 8 ~ 24 h 即可；深烘焙的咖啡豆产生的二氧化碳多，需要更长的养豆时间，如意式拼配咖啡豆通常需要养豆 7 ~ 14 天。

终于要开始做咖啡啦！但是千万
不要着急，我们必须先熟悉制作咖啡
的各种设备，学会正确地使用和保养
它们。让我们一起学习咖啡磨豆机和
咖啡机的构造和使用方法吧！

CHAPTER

4

经典咖啡制作基础

项目① 使用咖啡磨豆机研磨咖啡豆

✱ 知识准备

咖啡磨豆机（简称"磨豆机"）是将咖啡豆研磨成咖啡粉的设备，也是制作咖啡时最先接触的设备。磨豆机对咖啡店运营至关重要，人们经常被体积大、造型酷炫、价格昂贵的咖啡机吸引视线，而忽视磨豆机的重要性。当我们希望做出一杯非常完美的意式浓缩咖啡时，磨豆机的质量尤为重要。

一、咖啡磨豆机的类型

在市场上会经常看到外观造型各异、价格差异很大的磨豆机。根据磨豆机的不同用途，通常将其分为单品咖啡磨豆机和意式咖啡磨豆机，它们能够满足不同咖啡制作方式和器具的需要。

1. 单品咖啡磨豆机

单品咖啡磨豆机是指主要用于研磨单品咖啡豆，配合手冲壶、虹吸壶、法压壶等手工咖啡器具一起使用的磨豆机。它主要采用锥形磨盘，具有研磨速度快、研磨均匀、存粉少等特点，适合研磨较粗的咖啡粉。虽然称之为单品咖啡磨豆机，但它也可用于研磨拼配咖啡豆。

随着精品咖啡行业的发展、精品咖啡店数量的增加，越来越多的高品质单品咖啡磨豆机进入人们的视野，并受到推崇和追捧，如迈赫迪EK43（见图4—1）、Ditting KR804、Compak R120等。除了这些品质高、价格昂贵的商用单品咖啡磨豆机

图4—1 商用单品咖啡磨豆机

外，还有一些经济实惠、性价比高、适合咖啡爱好

者在家使用的家用单品咖啡磨豆机（见图4—2）。

因为单品咖啡磨豆机在咖啡师技能培训中不作

为主要使用设备，所以本书不重点介绍。

2. 意式咖啡磨豆机

图4—2 家用单品咖啡磨豆机

意式咖啡磨豆机通常配合半自动压力式咖啡机一起使用，主要用于研磨意

式拼配咖啡豆，制作意式浓缩咖啡及以其为基底的咖啡饮料。它主要采用平形

磨盘，具有研磨速度快、研磨均匀、能大量研磨细咖啡粉、存粉多的特点。意

式咖啡磨豆机是咖啡店里最常用的类型，也是咖啡师必须掌握的设备，因此本

书重点介绍意式咖啡磨豆机的结构和使用方法。

二、意式咖啡磨豆机的结构与优缺点

意式咖啡磨豆机根据造型和使用方法不同，可以分为手动拨粉式咖啡磨豆

机和自动定量式咖啡磨豆机两种。

意式咖啡磨豆机主要由豆仓、转盘、磨豆机机身、残粉盘等部分组成。手动拨

粉式咖啡磨豆机带有粉仓和拨粉手把，其结构如图4—3所示；而自动定量式咖啡

磨豆机则少了粉仓部分，而增加了显示屏和触碰按钮，其结构如图4—4所示。

图4—3 手动拨粉式咖啡磨豆机结构　　　图4—4 自动定量式咖啡磨豆机结构

1. 意式咖啡磨豆机的共有部件

（1）豆仓盖（bean hopper lid）。豆仓盖是用于防止灰尘和异物进入豆仓内，同时减缓咖啡豆香气挥发速度的部件。

（2）豆仓（bean hopper）。豆仓是用于存放咖啡豆的部件，常见的豆仓容量在 1 kg 左右。

（3）豆仓开关（bean hopper door）。豆仓开关处于豆仓底部，是将豆仓内咖啡豆与磨盘分离的部件。当从磨豆机中取出豆仓时需要关闭豆仓开关，避免咖啡豆洒落到工作台上。

（4）转盘（grinder dial）。转盘是用于调节磨豆机研磨度的部件。通过旋转转盘可调节研磨咖啡粉的粗细，转盘上通常都会有刻度标识，与刻度标识对应的有一个指示箭头，箭头对应点代表此时磨豆机的研磨度。为了确保转盘稳定，不会因研磨或操作失误而影响研磨度，会配有一个卡扣锁住转盘，如图 4—5 所示。

转盘卡扣

转盘刻度标识

图 4—5 转盘刻度标识和卡扣

特别提示：不同磨豆机的刻度标识表示的研磨度不一样。

（5）磨豆机机身（grinder body）。磨豆机机身内置旋转电动机和磨盘，是磨豆机最核心的组成部分。

（6）填粉架（dosing rack）。填粉架位于粉仓正下方，是取咖啡粉时摆放咖啡机手柄（简称"手柄"）的架子。

（7）咖啡填压器（coffee tamper）。咖啡填压器是用于填压咖啡粉的部件。在没有配备压粉锤的情况下可以使用它来填压咖啡粉，但容易造成填压不平整。

（8）电源开关（power switch）。电源开关是控制磨豆机通电与否的开关。电源开关打开时，指示灯会亮起。电源开关有旋钮式（见图 4—6）和按钮式（见图4—7）两种。

图4—6 旋钮式电源开关　　　　图4—7 按钮式电源开关

（9）残粉盘（waste plate）。残粉盘用于接洒落在台面上的咖啡粉，便于清洁。

2.手动拨粉式咖啡磨豆机的特有部件

（1）粉仓（dosing chamber）。粉仓是咖啡店在营业繁忙时储存咖啡粉的部件。粉仓顶部配有粉仓盖，避免异物进入粉仓内，减缓咖啡粉香气挥发速度，粉仓盖还可作为布粉工具。粉仓内有粉量调节旋转按钮（dosing adjusting screw），用于调节单次手动拨粉量。

（2）拨粉手把（dosing handle）。拨粉手把也称为拨粉手拉杆，是从粉仓内取出咖啡粉的部件。

3.自动定量式咖啡磨豆机的特有部件

（1）粉量选择按钮。自动定量式咖啡磨豆机通常设有单份粉量按钮、双份粉量按钮和手动出粉按钮（见图4—8），可以根据粉量需要选择相应的按钮。有些显示屏上会显示日期、时间、温度、湿度、出粉数量等参数，但这些不是标配。

图4—8 自动定量式咖啡磨豆机粉量按钮

（2）触碰按钮。触碰按钮位于填粉架上侧，当电源打开、磨豆机处于待机状态时，触碰这个按钮，磨豆机就会开始研磨咖啡粉。

4. 意式咖啡磨豆机优缺点分析

意式咖啡磨豆机的结构差异会直接影响它们在操作过程中的使用体验，意式咖啡磨豆机类型的选择则需要考虑门店的实际运营情况和采购预算。它们的优缺点分析见表4—1。

种类	手动拨粉式咖啡磨豆机	自动定量式咖啡磨豆机
	表4—1 不同结构的意式咖啡磨豆机优缺点对比	
优点	手动拨粉式咖啡磨豆机的粉仓可以储存预先磨好的咖啡粉，使用者仅需拨动拨粉手把，即可将所需的咖啡粉推到出粉口，填入咖啡机手柄粉碗内。这个装置在咖啡店繁忙时非常实用，而且手动拨粉式咖啡磨豆机价格比自动定量式咖啡磨豆机便宜	（1）操作更加简单方便，不需要手动拨粉 （2）咖啡出粉量稳定，而且可以根据单份、双份手柄要求设置研磨粉量 （3）现磨现用，保证咖啡粉更新鲜 （4）节约咖啡粉，可以减少咖啡粉洒落在工作台面上的情况 （5）有些自动定量式咖啡磨豆机带有显示功能，可以记录研磨数据，便于运营过程中控制成本
缺点	（1）单次拨动粉量与粉仓内的咖啡粉存有量有关，会因粉仓内咖啡粉存有量差异，造成单次拨粉量不稳定 （2）手动拨粉过程中，单次拨粉量不稳定，拨动力度有差异，会造成咖啡粉洒落到工作台面上，造成咖啡粉的浪费 （3）当咖啡店不忙时，粉仓内剩余的咖啡粉会留存较长时间，导致香气挥发，影响咖啡品质。咖啡豆完整状态下香气挥发速度缓慢，可持续数周，但是研磨成咖啡粉之后，与空气的接触表面积增加，香气挥发速度明显加快，5 min内50%以上的芳香类物质会挥发损失，因而影响咖啡品质	（1）价格昂贵 （2）咖啡店繁忙时使用自动定量式咖啡磨豆机研磨咖啡豆会导致速度较慢

三、咖啡磨豆机的性能要求

磨豆机的好坏将直接决定咖啡品质的优劣，因此拥有一台性能稳定、品质高的磨豆机是一家高品质咖啡店的基本需求。

衡量磨豆机是否优质，可以从以下几点判断。

1. 研磨出的咖啡粉颗粒应粗细均匀，如果咖啡粉颗粒粗细不均匀容易产生通道效应，导致萃取不稳定。

2. 研磨过程产生的微粉应尽可能少，微粉多容易导致咖啡出现焦苦味。

3. 能将研磨过程中产生的热量降到最小，减小正常情况与繁忙期时的研磨度变化范围，且不易产生静电。

4. 能够满足不同制作需求，如可以提供固定的单份和双份粉量。

四、咖啡磨豆机的磨盘

磨豆机的核心部件是磨盘，其位于磨豆机机身内部，有人也称之为刀盘、刀片，如图4—9所示。

图4—9 磨豆机磨盘

根据功能，磨盘主要分为平形磨盘、锥形磨盘和鬼齿磨盘三类，其对比见表4—2。

表4—2 磨豆机磨盘对比

磨盘外观			
磨盘类型	平形磨盘	锥形磨盘	鬼齿磨盘
用途	常用于意式咖啡磨豆机	常用于单品咖啡磨豆机	常用于工业级咖啡磨豆机
研磨速度	速度快	速度快	速度快
研磨均匀程度	均匀	均匀	均匀
研磨量	可以大量研磨	不能大量研磨	可以大量研磨
存粉情况	多	少	少
价格	适中	较低	昂贵

　　磨盘处于高频工作状态时，会因摩擦而产生大量的热量，导致磨盘过热，造成上下磨盘间距发生变化，改变咖啡粉研磨度，进而影响咖啡萃取的稳定性；同时，磨盘过热易使咖啡粉结块，产生过多微粉，造成布粉不均匀，从而导致咖啡萃取不均匀；另外，磨盘温度升高会导致咖啡粉香气挥发速度加快，影响咖啡风味。好的磨盘不仅可以制作出高品质咖啡粉，还可以减轻磨豆机工作时的负担，延长其使用寿命，减少更换磨盘的支出和麻烦。

　　建议在能力范围内购买质量最好的磨豆机，质量一般的磨豆机可能会影响咖啡店在营业高峰期的运营。

五、研磨度对咖啡萃取的影响

　　研磨度反映的是咖啡豆研磨成咖啡粉后，粉的颗粒粗细（大小）程度。研磨度主要由磨盘的间距控制，磨盘间距越大，研磨的颗粒越粗，即研磨度越大；反之越小。

研磨度对咖啡萃取的影响体现在三个方面：接触时间、流速和萃取率。

研磨度越大，咖啡粉越粗，粉与粉之间的间隙就越大，水穿透咖啡粉的速度就越快，水与咖啡粉的接触时间就越短，水溶解可溶性固型物的量也会越少，容易导致萃取不充分，口味偏酸。反之，研磨度越小，水穿透咖啡粉的速度就越慢，水与咖啡粉接触的时间越长，水溶解的可溶性固型物越多，但是咖啡粉过细也会导致水与咖啡粉接触时间过长，容易出现焦苦味，甚至出现水不能穿透咖啡粉的状况。

不同的冲泡方式需要的研磨度有所差异，当使用不同的冲泡方法时，应该知道如何选择最佳研磨度以达到最佳萃取。

执行

🍵 任务1 / 使用手动拨粉式咖啡磨豆机研磨咖啡豆

STEP1 检查设备

（1）检查磨豆机的电源插头是否插好，检查线路是否安全，如电线是否破损，插头处是否有水。

（2）检查豆仓内是否有残余的咖啡豆，粉仓内是否有多余的咖啡粉。如果豆仓内咖啡豆与当前使用的咖啡豆不同，需清理掉豆仓内的咖啡豆；如果残留的咖啡豆或咖啡粉超过了其赏味期，建议清理掉。

STEP2 添加咖啡豆

打开磨豆机的豆仓盖，倒入适量的咖啡豆，然后检查豆仓开关是否打开，如果其处于关闭状态，需要将其打开。

> 特别提示：若出现豆仓内有咖啡豆而磨豆机工作时不出咖啡粉的情况，多为豆仓开关没有打开。

STEP3 打开电源开关

打开电源开关后，电源指示灯亮起，磨豆机开始工作。

STEP4 取用咖啡粉

将咖啡机手柄放在磨豆机的填粉架上，然后将拨粉手把从初始位置拉到末端，如图4—10、图4—11所示。取用咖啡粉，再把拨粉手把顺势拉回到初始状态，如图4—12所示。

图4—10 从初始位置拉动拨粉手把

> 特别提示：来回拉动拨粉手把时，手应始终放在拨粉手把上。不能在拉动拨粉手把之后（拨粉手把返回原位之前）突然将其放开，使其靠弹簧弹力直接弹回去，长期如此会影响拨粉手把的使用寿命。

图4—11 将拨粉手把拉至末端

STEP5 关闭电源开关

完成研磨过程，关闭电源开关。

图4—12 将拨粉手把拉回初始位置

☕ 任务2 / 使用自动定量式咖啡磨豆机研磨咖啡豆

STEP1 检查设备

检查磨豆机的电源插头是否插好，检查线路是否安全。

STEP2 添加咖啡豆

打开磨豆机的豆仓盖，倒入适量的咖啡豆，如图4—13所示。然后检查豆仓开关是否打开，发现豆仓开关关闭时（见图4—14），应将其打开（见图4—15）。

图4—13 在豆仓内倒入咖啡豆

图 4—14 豆仓开关关闭状态

图 4—15 打开豆仓开关

STEP3 打开电源开关

打开电源开关后，电源指示灯亮起，磨豆机处于待机状态。

STEP4 选择研磨粉量按钮

根据咖啡机手柄粉碗的大小，点击对应研磨粉量的按钮，如图 4—16 所示。单份粉碗选择单份按钮，双份粉碗选择双份按钮。咖啡粉量不足时，可以选择中间的手动按钮。

图 4—16 选择研磨粉量按钮

手动按钮的工作方式有两种，一种是按住手动按钮磨豆机即刻研磨出咖啡粉，手松开时立即停止出粉；另一种是需要长按手动按钮，1 ~ 2 s 后磨豆机开始研磨出咖啡粉，直到下次再长按手动按钮才会停止出粉。

STEP5 点击触碰按钮，取用咖啡粉

如图 4—17 所示，将咖啡机手柄粉碗平放在填粉架上，轻轻点击触碰按钮。磨豆机开始研磨咖啡粉。将手柄粉碗对准出粉口，取用咖啡粉，如图 4—18 所示。

图4—17 手柄粉碗平放于填粉架上

图4—18 在手柄粉碗内填入咖啡粉

在取用过程中需要调整手柄粉碗角度，将手柄粉碗适当往前、后、左、右倾斜，让咖啡粉尽量处于粉碗中间，避免洒落在粉碗外，如图4—19所示。

图4—19 让咖啡粉尽量处于粉碗中间

STEP6 关闭电源开关

自动定量式咖啡磨豆机白天工作过程中一般无须经常关闭电源开关，只有在每天营业结束后才需要关闭。

咖啡店选用自动定量式咖啡磨豆机是今后的发展趋势，因此本书后续制作咖啡过程中使用的均为自动定量式咖啡磨豆机。

☕ 任务3 / 调节咖啡磨豆机的研磨度

STEP1 观察磨豆机转盘初始位置
STEP2 研磨咖啡豆

参考本项目任务 2 的步骤研磨咖啡豆，并观察咖啡粉粗细状态，如果明显不符合要求就需要调整研磨度。

STEP3 调节转盘位置

现在大部分的磨豆机都装有转盘卡扣，只有先按下卡扣，才能转动转盘，如图 4—20 所示。

图 4—20 按下转盘卡扣，旋转转盘

转盘顺时针旋转，研磨度逐渐变粗，反之则变细。另外，转盘上会有研磨度粗细的标示，英文中通常用 coarse（法文是 grosso）表示粗，fine 表示细。转盘上也有数字来表示刻度，大部分磨豆机的数字越大，代表研磨度越粗，数字越小，代表研磨度越细，偶尔也会出现相反情况，具体还要参照磨豆机使用说明。

STEP4 研磨并排出存粉

因为意式磨豆机磨盘之间会有一些前一次研磨的存粉，存粉量与磨豆机质量有关，必须通过研磨新的咖啡粉将其排出，所以每次调节磨盘后需将前次残留的咖啡粉排出倒掉。

STEP5 调节转盘，重复操作

继续调节研磨度转盘，重复前面的操作直至研磨出的咖啡粉粗细符合制作要求。

精确的咖啡粉研磨度必须配合咖啡萃取过程一起检验，通过咖啡的萃取时间和萃取量来判断研磨度是否合适。

扫码观看视频

STEP1 取下豆仓

关闭豆仓开关，从磨豆机上取下豆仓，如果豆仓上有螺钉固定，需要先拧开螺钉，如图4—21所示。

STEP2 倒出豆仓内多余的咖啡豆

将豆仓内多余的咖啡豆倒入密封盒内密封好，减缓咖啡豆香气挥发速度，如图4—22所示。

STEP3 取出磨盘内多余咖啡豆

用定量勺将磨盘内多余的咖啡豆取出，放入密封盒内，如图4—23所示。切忌用手直接掏咖啡豆（不符合食品卫生要求）。

STEP4 清洁豆仓

用干净的抹布或厨房专用纸将豆仓擦拭干净，如图4—24所示。豆仓内存放咖啡豆会积累大量的咖啡油脂，长期不清洁会产生油脂酸败的哈喇味。

STEP5 将豆仓安装回磨豆机上

STEP6 清理粉仓

这个步骤一般针对手动拨粉式咖啡磨豆机。需要先取出粉仓内残留的咖啡粉，然后用咖啡粉刷清理粉仓内壁上附着的剩余咖啡粉，不建议用水直接冲洗，如图4—25所示。

图4—21 取下豆仓

图4—22 将豆仓内咖啡豆存储在密封盒内

图4—23 用定量勺取出咖啡豆

图4—24 用干净的抹布擦拭豆仓内的咖啡油脂

图 4—25 用咖啡粉刷清洁粉仓

STEP7 清洁外观

先使用干的咖啡粉刷清扫磨豆机外表面残余的咖啡粉，如图 4—26 所示。再用干净的抹布擦拭外表面，擦至无粉渍即可。

图 4—26 用咖啡粉刷清洁磨豆机外表面

STEP8 清洁残粉盘和工作台面

取出残粉盘，使用专用咖啡粉刷将工作台面上残留的咖啡粉都清扫到残粉盘上，倒入垃圾桶，再将残粉盘清扫干净，最后将残粉盘放回磨豆机上。如果工作台面上有水渍，则需要用干净的专用抹布擦拭干净，如图 4—27 所示。

图 4—27 清洁残粉盘和工作台面

项目② 使用半自动压力式咖啡机制作意式浓缩咖啡

✲ 知识准备

一、工作前的安全卫生管理

1. 安全卫生检查

工作前需要做的安全卫生检查主要有以下几项。

（1）打开机器设备电源前要检查线路是否安全。

（2）检查机器设备是否有异常。

（3）检查工作区工作台面是否干净整洁。

（4）检查工作区的墙面和地面是否干净整洁。

（5）检查垃圾桶内垃圾是否清理干净。

（6）检查食品原料是否变质、是否存在安全卫生隐患。

（7）检查器具、工具是否清洁干净、符合使用规范。

（8）检查清洁抹布是否符合使用规范、消毒用品摆放是否符合要求。

2. 安全卫生要求

（1）大型设备的安全卫生要求

1）大型用电设备在打开电源前线路应该处于安全状态，工作时不应该出现异样。如果发现设备有破损、发出不正常的声音、无故漏水等情况应该及时上报，申请进一步检查维修。咖啡机、磨豆机、开水机、冰箱等设备连接的电源插座应远离水，或加隔水保护措施。

2）咖啡机、磨豆机、开水机、冰箱都应该处于干净整洁状态：咖啡机外表面干净无水渍，咖啡机手柄粉碗内无咖啡粉饼，接水盘内无粉渣；磨豆机豆仓内无咖啡豆，粉仓内无咖啡粉，外表无残粉；开水机龙头无水垢，表面无灰尘；冰箱内外表面无污渍，冰箱内食品原料摆放整齐，应该生熟分开，避免气味互串和交叉污染。

（2）器具、工具的安全卫生要求

1）器具应该及时清洁干净，例如奶缸内不能有奶渍残留（见图4—28），玻璃量杯内不能有咖啡油脂残留；应该有直接接触食品的专用器具，不能用手直接碰触食品。

2）工具摆放要注意安全，刀具要摆放在规定区域，不能随手乱扔，避免出现意外碰伤、割伤。

图4—28 奶缸内残留的奶渍

3）抹布要有区分，专布专用，不能交叉使用，最常见的错误是用擦蒸汽棒的抹布擦咖啡机或桌子后又用来擦蒸汽棒（见图4—29）；或者没有找到擦蒸汽棒的抹布，用其他用途的抹布擦蒸汽棒（见图4—30）。抹布要随手清洗，定期消毒，定期更换。有些连锁门店要求每天更换抹布。

图4—29 用擦蒸汽棒的抹布擦咖啡机

（3）工作区域安全卫生要求

1）工作台面应随手清洁，整理干净。墙面和地面要干净整洁，在工作前发现有不干净的情况要及时清洁处理。

图4—30 用擦台面的抹布擦蒸汽棒

2）清洁用具要摆放在指定位置，不能放在工作区域。清洁拖把的水池要与清洁食品的水池分开，不能混用。

3）消毒液、消毒粉及咖啡机清洁药粉要储存在干燥、密闭、儿童触碰不到的区域，与食品类原料分开储存。

（4）食品原料的安全卫生要求

1）未开封的食品原料应该按照规定的储存条件进行储存，使用前要检查生产日期和保质期，确保其在有效期内。

2）开封后的食品原料按照开封后的储存要求进行储存，在规定时间内使用完，未使用完的应该及时报废处理；如果发现牛奶包装胀气、淡奶油结块、咖啡豆表面油脂回吸等情况，要及时将其清理，不能再使用。对于使用时间相对较长的原料应该贴上标有开封时间、保质期的标签贴。

3）门店预制类原料应该贴上标有产品名称、制作时间、保质期、制作人签名的标签贴，做到预制原料可追溯。对于没有贴标签贴、存在食品安全隐患的原料应该及时处理。

二、工作前的设备、器具及原材料准备

1.大型设备准备

（1）半自动压力式咖啡机（semi-automatic espresso machine）1台。

（2）自动定量式咖啡磨豆机（espresso grinder）1台。

（3）开水机（hot water supply）1台。

（4）冷藏冰箱（fridge）1台，冷藏温度在4～7℃。

（5）净水设备（water purifier）1套，含有软水器、粗滤和精滤。

2.小型器具准备

（1）奶缸（milk pitcher）。奶缸是用于制作奶沫的工具，根据用途的不同，大小规格会有所差异，通常可以分为150 mL、350 mL、600 mL、700 mL和1000 mL，如图4—31所示。

150 mL奶缸主要作为咖

图4—31 奶缸的规格

啡液的转接容器，当高杯不便放入咖啡机时会使用它来盛接咖啡液。

350 mL 奶缸主要用于制作小杯量的咖啡，如意式玛奇朵咖啡，或者用于奶沫分缸。

600 mL 奶缸是咖啡店最常见的，习惯性称之为"标准奶缸"，可以满足同时制作两杯 5 ~ 6 oz（盎司，1 oz=29.57 mL，本书中取近似值 30 mL）咖啡的用奶要求和一杯 12 ~ 16 oz 外卖咖啡的要求。

700 mL 奶缸可以满足同时制作两杯 12 oz 咖啡的要求。

1000 mL 奶缸主要用于以外卖为主的咖啡店，这类咖啡店需要快速出品大量的牛奶和奶沫，节约奶沫制作时间。

（2）压粉锤（tamper）。压粉锤也称为压粉器，是用于填压咖啡粉的工具。压粉锤有两个部件，底部通常是金属材质的压粉器；上部是手把，有金属、木材、橡胶等材质，如图 4—32 所示。

图 4—32 木柄压粉锤

压粉锤的尺寸应该配合咖啡机手柄粉碗的大小选择，常规尺寸有直径 48 mm、51 mm 和 58 mm，其中通常与商业用途咖啡机手柄粉碗匹配的是直径 58 mm 压粉锤。

图 4—33 不同填压面的压粉锤

压粉锤的填压面还会有不同的形状，有平面的，有不同弧度凸面的，也有带环形纹路的，如图 4—33 所示。

现在很多咖啡店为了压粉更加均匀，会在压粉前先用一个布粉器（见图 4—34）将咖啡粉布平，再用压粉锤填压咖啡粉。

图 4—34 布粉器

（3）敲粉盒（knock-box）。敲粉盒是收集咖啡粉渣的盒子，其外形为中间有一个横杆的金属盒子，通常会镶嵌在木盒子里，或者直接镶嵌在工作台面上，如图 4—35 所示。

图 4—35 敲粉盒

（4）咖啡杯（coffee cup）。传统的咖啡杯多用陶瓷材质，其保温性相较于玻璃和金属的更好。咖啡杯根据用途可以分为意式浓缩咖啡杯和普通咖啡杯，意式浓缩咖啡杯又可以分为单份意式浓缩咖啡杯和双份意式浓缩咖啡杯，其中单份意式浓缩咖啡杯容量通常为 30 ~ 60 mL，双份意式浓缩咖啡杯容量通常为 90 ~ 120 mL，普通咖啡杯容量有 150 ~ 180 mL、240 ~ 280 mL、300 ~ 360 mL 三个区间，如图 4—36 所示。用于装热咖啡的咖啡杯都带有杯把（杯耳）和配有咖啡碟，使用前会放在咖啡机上预热。

图4—36 不同规格的咖啡杯

（5）咖啡勺（demitasse spoon）和托盘（saucer）。咖啡勺通常为金属材质，也有小部分为木材质，用于加糖时搅拌，而非用于饮用咖啡。托盘则用于出品咖啡。现在咖啡店会选用一些比较有特色或者定制的木质托盘，用于将咖啡饮品、配件端给顾客，如图 4—37 所示。

图4—37 托盘、咖啡勺及配件

（6）剪刀（shears）。剪刀主要用于剪开咖啡豆、牛奶、淡奶油等的包装。

（7）玻璃量杯（shot glass）。玻璃量杯（见图4—38）主要用于测量意式浓缩咖啡萃取量。玻璃量杯使用频率较高，会因磨损而刻度或读数不清晰，需要定期更换。另外，玻璃量杯属于低值易耗品，容易碎裂，使用时应注意安全。

图4—38 玻璃量杯

（8）电子秤（scale）。电子秤（见图4—39）主要用于称量咖啡粉和咖啡液，利于调整咖啡萃取参数，稳定咖啡品质。电子秤要求精确度为0.1 g，量程大于2000 g。现在咖啡店里用的电子秤都带有秒表功能。

图4—39 电子秤

（9）温度计（digital thermometer）。温度计（见图4—40）主要用于测量咖啡萃取的水温、牛奶的打发温度，要求必须是食品级且灵敏度高的。

（10）折光式可溶性固形物含量测试计（digital TDS meter）。折光式可溶性固形物含量测试计（见图4—41）用于测试萃取咖啡液的浓度，衡量制作的咖啡液是否符合浓度要求，矫正萃取技术参数，读数为百分数。

图4—40 温度计　　　　图4—41 折光式可溶性固形物含量测试计

3. 清洁用具准备

（1）抹布（bar towel）和口布（napkin）。需要准备抹布和口布若干，材质要选吸水效果好、不易掉毛的，而且必须准备两种以上颜色的抹布，如图4—42所示。至少需要这几个用途的抹布：擦蒸汽棒抹布1块、擦咖啡机表面及接水盘抹布1块、擦工作台面抹布1块、擦咖啡机手柄口布1块、擦杯子口布1块。

（2）盲碗（blind basket）。盲碗（见图4—43）是一个没有过滤孔的金属碗，与咖啡机手柄匹配，用于清洗咖啡机冲泡头。

（3）咖啡机清洁剂（coffee detergent）。咖啡机清洁剂（见图4—44）主要用于清洁咖啡机冲泡头和手柄的残留咖啡油渍，通常呈粉末状。

图4—42 不同颜色的抹布　　　　图4—43 盲碗　　　图4—44 咖啡机清洁剂

（4）螺丝刀（stubby screwdriver）。深度清洁咖啡机和磨豆机磨盘时，需要用螺丝刀拆卸冲泡头的分水网和磨豆机磨盘，通常会准备十字螺丝刀和一字螺丝刀两种。

（5）冲泡头清洁刷（grouphead brush）。冲泡头清洁刷（见图4—45）是一种L形的塑料刷，专门用于清洁咖啡机冲泡头上凝固的咖啡粉渣，使用时要小心热水，以免烫伤。

图4—45 冲泡头清洁刷

4.原材料准备

咖啡店准备的原材料主要有咖啡豆，乳制品（如牛奶、淡奶油），糖浆类（如巧克力酱、焦糖酱、各类风味糖浆等），一次性耗品（如白糖包、黄糖包、搅拌棒、纸巾、外带杯、拎袋等）。

准备食品类原料时要遵循先进先出的原则，降低原料损耗。使用前应检查原料是否有异样，如破包、胀包等。食品类原料应该按照每天的消耗量预估并提前采购准备，准备过多容易造成浪费，准备不足会影响正常营业。

三、半自动压力式咖啡机的结构

因为生产厂商不一样，机器结构会有所差异，所以我们先介绍一下传统半自动压力式咖啡机的共同结构（见图4—46）。

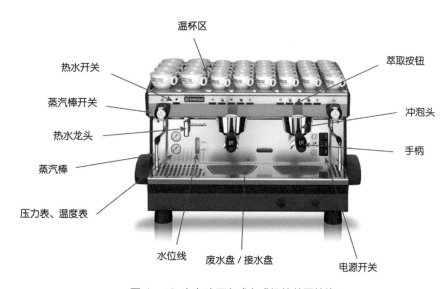

图4—46 半自动压力式咖啡机的共同结构

1. 手柄（portafilter）

手柄由手把（handle）、粉碗（brew basket）、龙头（spigot）组成，冲泡头的热水从手柄的粉碗中穿过，完成意式浓缩咖啡冲泡过程。

（1）手把分为有底手把和无底手把，常用的是有底手把，如图4—47所示。

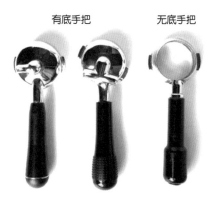

图4—47 咖啡机手柄手把

扫码观看视频

77

（2）粉碗可分为单份粉碗、双份粉碗和三份粉碗，如图4—48所示。

单份粉碗　　　双份粉碗　　　三份粉碗

图4—48 粉碗类型

1）单份粉碗一般中间会有收口，减少咖啡粉填充量。单份粉碗的咖啡粉填充量一般为7～9 g。

2）双份粉碗边上带有弧度，是咖啡店里最常使用的一种粉碗。双份粉碗的咖啡粉填充量一般为14～18 g。

3）三份粉碗不常见，通常在个性化的咖啡机中使用，粉碗较深，而且碗壁是垂直往下的。三份粉碗的咖啡粉填充量一般为21～24 g。

（3）龙头。龙头的作用在于导流咖啡液，也有很多造型，最常见的是单龙头和双龙头。龙头是可以更换的。单、双龙头匹配对应的粉碗，如图4—49所示，也可以交叉使用，做特殊需求的咖啡。

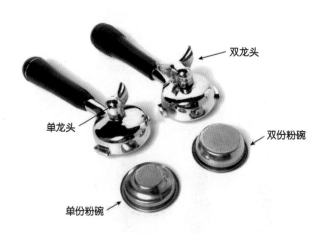

图4—49 龙头类型及对应粉碗

2. 冲泡头（grouphead）

冲泡头（见图4—50）也称为冲煮头，是为咖啡冲泡提供热水、保障咖啡冲泡顺利完成的部件。大部分咖啡机都有多组冲泡头。只有一个冲泡头的咖啡机被称为单头咖啡机，有两个冲泡头的被称为双头咖啡机，依次类推。较常使用的是双头咖啡机。冲泡头内部有一个金属分水网和一个橡胶密封圈。

图4—50 咖啡机冲泡头

3. 蒸汽棒（steam wand）

蒸汽棒（见图4—51）是一根用于喷蒸汽的长金属管，因此也被称为蒸汽管。不同咖啡机的蒸汽棒长短粗细会有所差异。蒸汽棒末端的蒸汽头上有出气孔，常见的有三孔和四孔两种，四孔的蒸汽头是现在的主流，如图4—52所示。蒸汽棒上通常带有一个橡胶隔热圈，避免手直接拿蒸汽棒而烫伤。一些新款咖啡机会使用双层蒸汽棒隔热。

一台半自动压力式咖啡机会配有一个或两个蒸汽棒，大部分双头咖啡机都配有两个蒸汽棒，被称为标准双头咖啡机，只有一个蒸汽棒的双头咖啡机则被称为"窄双"。蒸汽棒的开关有旋钮式和拉杆式两种常见类型，旋钮式的开关更便于控制蒸汽大小，拉杆式的开关操作更简单方便。

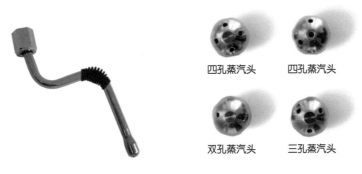

四孔蒸汽头　　四孔蒸汽头

双孔蒸汽头　　三孔蒸汽头

图4—51 蒸汽棒　　　　　　图4—52 蒸汽头

4. 热水龙头（hot water spigot）

热水龙头可以排放出锅炉内滚烫的热水，既可用于温杯，也可用于泡茶和制作美式咖啡。但是锅炉内的热水一直处于加热状态，可能导致水的硬度偏高，不建议经常饮用。

5. 萃取按钮（shot buttons）

萃取按钮是控制咖啡机冲泡头出水的按钮，可以根据个人的口味调整出水程序。每个按钮上都有相对应的图标，通常有单份少量按钮、单份多量按钮、双份少量按钮、双份多量按钮，以及一个手动控制按钮，如图4—53所示。

图4—53 萃取按钮类型

单份少量按钮和单份多量按钮匹配的是单份粉碗，双份少量按钮和双份多量按钮匹配的是双份粉碗。咖啡店在营业之前，根据门店咖啡饮料的需要预设每个按钮的萃取时间或者萃取量，在操作过程中咖啡萃取达到预设萃取时间或者预设萃取量时会自动停止，避免因繁忙而萃取量过多。

手动控制按钮靠手动控制萃取时间及萃取量，按下手动控制按钮，咖啡机冲泡头开始出水，直到再次按下手动控制按钮才会停止出水。手动控制按钮的优势在于可以根据实际情况随时调整萃取量，不足之处在于必须一直关注萃取量，否则很容易萃取过量。

手动控制按钮旁有时会多出一个按钮，这是控制热水龙头出水的按钮。

6. 温杯区（warming rack）

温杯区用于预热咖啡杯，在制作热咖啡时，可避免咖啡液遇冷杯温度降低而影响咖啡风味。通常只在商业咖啡机上才有温杯区，其主要是利用咖啡机锅炉的热量预热咖啡杯，有些咖啡机也有专门的温杯热源。温杯区下方一般会放沥水垫，用于沥干咖啡杯。沥水垫上水渍比较明显，需要定期清洁。

7. 压力表、温度表（pressure & temperature dial）

压力表通常分为气压表和水压表（见图 4—54）。咖啡机关闭时气压表为 0 bar，正常工作状态下，气压表指针处于 0.8 ～ 1.5 bar 的位置。水压表指针在咖啡机非工作状态下处于 0 ～ 3 bar 位置，在咖啡机工作状态下处于 8 ～ 10 bar 位置。bar 是欧洲常用的压强单位，1 bar 等于 1×10^5 Pa。

图 4—54 压力表

温度表主要探测冲泡咖啡的热水温度，水温正常处于 92 ～ 96℃。

四、意式浓缩咖啡相关专业技术和名词解释

1. 意式浓缩咖啡（espresso）

意式浓缩咖啡（见图 4—55）是一种通过让接近沸腾的高压水流强行通过研磨很细且压紧实的咖啡粉制作而成的饮料。其口感比其他冲泡方法制作出来的咖啡更加浓厚，含有更高浓度的可溶性固形物，杯量更小，而且表面会有一层细致的咖啡油脂。它是制作其他传统咖啡饮料的基底，可用于制作美式咖啡、拿铁咖啡、卡布奇诺咖啡、摩卡咖啡等。

图4—55 意式浓缩咖啡成品

意式浓缩咖啡起源于意大利，从 20 世纪 80 年代开始在全球范围内流行。当时，在美国西北部太平洋沿岸地区，咖啡厅提供各种类型的意式浓缩咖啡，还可以在意式浓缩咖啡中添加糖浆、淡奶油、牛奶、豆奶及香料。随着各地的咖啡店开始提供此类饮料，以及更低价的家用厨房设备的普及，意式浓缩咖啡开始流行到美国其他地方。如今，意式浓缩咖啡在全球各地的餐馆、酒吧和咖啡店里都很常见。

2. 意式浓缩咖啡油脂（cream）

意式浓缩咖啡油脂（见图 4—56）也叫"克立玛"（英文 cream 的直译），是用高压把咖啡粉中的油脂乳化为胶体产生的，质地类似油状的泡沫，在其他咖啡制作方式中不会产生。

图4—56 咖啡油脂

意式浓缩咖啡的油脂量和色泽可以反映咖啡的萃取品质。咖啡油脂主要与咖啡豆的烘焙度和新鲜度有关，咖啡豆烘焙越深，油脂气孔越大，咖啡豆越新鲜，咖啡油脂含量越多。因此可以通过咖啡油脂简单判断咖啡的新鲜度。当然，咖啡油脂量要恰到好处，过多或过少都不好，建议在 3 ~ 5 mm 比较合适，如果咖啡油脂厚度大于 5 mm，油脂不稳定，容易消散，则说明咖啡豆过于新鲜；如果咖啡油脂厚度一开始就少于 3 mm，则说明咖啡豆烘焙后存放时间较久。

优质的咖啡油脂呈现金黄色或琥珀色，不能出现白点或者大面积焦黑的色斑，细腻稳定，有弹性，完整覆盖咖啡表面，不能出现破口，直接看见咖啡黑色液体（俗称"开天窗"，见图 4—57），且持续时间长。

图 4—57 "开天窗"的意式浓缩咖啡液

3. 意式浓缩咖啡的咖啡因含量

意式浓缩咖啡相比其他咖啡饮料而言，单位体积含有更多的咖啡因，但因其每份体积较小，所以总咖啡因含量反而较低。咖啡饮料的实际咖啡因含量受体积、咖啡豆品种、烘焙方法和其他因素影响，通常一份意式浓缩咖啡含有大约 120 ~ 170 mg 咖啡因，而一份滴滤式咖啡含有 150 ~ 200 mg 咖啡因。

4. 意式浓缩咖啡的萃取参数

早期意式浓缩咖啡的制作过程没有统一的标准，但是现在精品咖啡协会等国际咖啡组织对咖啡粉研磨的粗细、粉量、水温、气压、水压，以及萃取的时间和体积加以限制，逐步形成了国际标准（见表 4—3）。

表4—3　意式浓缩咖啡萃取技术参数国际标准	
咖啡粉用量	单份7～9 g，双份14～18 g
填压力度	相当于13～20 kg物体的重力
气压	0.8～1.5 bar
水压	（9±1）bar
水温	92～96℃
萃取量	（30±5）mL
萃取时间	20～30 s

5. 意式浓缩咖啡的可变因素

在咖啡店里，我们经常会听到有顾客说"给我加一份浓度""给我一杯双份意式浓缩咖啡"或者"给我一杯单份超浓缩咖啡"等，很多人不明白这其中的区别，其实意式浓缩咖啡也有不同的类型。

一杯意式浓缩咖啡也被称为一份（shot）意式浓缩咖啡，一份意式浓缩咖啡其实包含两个概念，一个是"尺寸（size）或分量（weight）"，一个是"浓度（concentration）"。这两个概念均为可变因素，是一个标准化的专业术语，但具体数量变化较大。

（1）尺寸（分量）。意式浓缩咖啡的尺寸（分量）可以分为单份（single）、双份（double）和三份（triple），对应的咖啡粉用量和咖啡液萃取量关系见表4—4。

表4—4　意式浓缩咖啡用粉量与咖啡液萃取量的关系			
尺寸（分量）	使用粉碗规格	咖啡粉用量	咖啡液萃取量
单份	单份粉碗	7～9 g	1oz（30 mL）
双份	双份粉碗	14～18 g	2oz（60 mL）
三份	三份粉碗	21～27 g	3oz（90 mL）

意大利语用 solo（单份）、doppio（双份）、tripio（三份）来表示分量，其中最常用的是 doppio。

单份粉碗与双份粉碗最大的区别在于造型，单份粉碗下方比双份粉碗小很多，呈倒圆锥状，但是深度基本一致，以便能够对高压热水形成足够阻力。大部分的双份粉碗都只有微小的缩口，而三份粉碗的碗壁垂直且更深。

半自动压力式咖啡机通常会配备三个手柄，两个双龙头手柄和一个单龙头手柄。在咖啡店运营过程中，很少会同时使用单龙头手柄和双龙头手柄，而更多的是将单龙头手柄收纳起来，只用两个双龙头手柄。

双龙头手柄的两个龙头距离很近，且带有一个双份粉碗。咖啡可以通过两个出水口分别流入两个杯子里，制作两杯单份意式浓缩咖啡（用双份粉冲泡，见图4—58），或者接入一个杯子里，做出一杯双份意式浓缩咖啡。如果只需要制作一杯单份意式浓缩

图4—58 使用双龙头手柄萃取两杯单份意式浓缩咖啡

咖啡，一般也是用双份粉碗和双龙头制作出两杯单份意式浓缩咖啡，使用其中一杯，另外一杯用于它用。还有一些大杯或超大杯的咖啡饮料，需要添加三份或者四份意式浓缩咖啡来增加咖啡的味道。

（2）咖啡浓度指溶解于咖啡液中的可溶性固形物与咖啡液的质量百分比，也称为长度（length）。

咖啡浓度 = 溶解于咖啡液中的可溶性固形物质量（g）/咖啡液质量（g）×100%

咖啡浓度可以分为短萃／超浓缩（ristretto／stretto／reduced）、标准（normale／normal／standard）和长萃（lungo／long）。具体萃取量关系见表4—5。

咖啡浓度分类	短萃	标准	长萃
咖啡粉用量	7 ~ 9 g	7 ~ 9 g	7 ~ 9 g
咖啡液体积	15 mL	30 mL	45 mL
咖啡液质量	7 ~ 15 g	15 ~ 25 g	18 ~ 36 g
萃取时间	20 ~ 30 s	20 ~ 30 s	20 ~ 30 s
咖啡液浓度	12% ~ 18%	8% ~ 12%	5% ~ 8%

表 4—5　意式浓缩咖啡液萃取量关系

不同体积的咖啡饮料对咖啡的浓度要求不一样，在使用相同粉量的情况下需要较少或较多的咖啡浓缩液，粉与咖啡液的比例不同。为了更精确地计算比例，可以测量咖啡液的质量，因为咖啡油脂的存在，很难用体积去计算比例。

为了更加形象地表述意式浓缩咖啡的萃取量，定义短萃是标准萃取量的一半，长萃是标准萃取量的 1.5 ~ 2 倍，如图 4—59 所示。例如，使用 7 g 的咖啡粉，萃取一杯标准的单份意式浓缩咖啡液的体积为 30 mL，萃取时间为 22 ~ 28 s，则短萃意式浓缩咖啡液的体积为 15 mL，萃取时间也应该为 22 ~ 28 s。现在咖啡店制作短萃、标准和长萃意式浓缩咖啡时均为双份浓缩咖啡，萃取的浓缩咖啡液体积分别为 30 mL、60 mL 和 90 ~ 120 mL。

图 4—59 不同浓度的意式浓缩咖啡

在制作短萃、标准和长萃意式浓缩咖啡时，不能通过改变萃取时间的方式来得到相对应的萃取量，那样可能会造成萃取不足（萃取时间过短）或萃取过

度（萃取时间过长）。应该通过调整咖啡粉研磨度（短萃需要更细，长萃需要更粗），在相同萃取时间条件下得到目标萃取量。

（3）意式浓缩咖啡的差异化制作。基于意式浓缩咖啡的可变因素，每家咖啡店都会有符合本店要求的标准化意式浓缩咖啡液，如单份短萃、双份长萃、双份标准意式浓缩咖啡等。

一般而言，以意式浓缩咖啡为基底制作的饮料都只改变意式浓缩咖啡的数量，制作单份和双份意式浓缩咖啡的区别只在于使用粉碗的大小，整个制作过程没有变化。短萃、标准、长萃意式浓缩咖啡之间的区别则在于咖啡粉的研磨度，这在繁忙的咖啡店里难以实现，而精准校准是制作稳定、高品质意式浓缩咖啡的关键，短时间内频繁调节研磨度难以实现。

执行

任务1 / 打开咖啡机和开水机

STEP1 检查线路

检查电源线是否有破损，插座处不能有水，如果出现不符合要求的情况应及时处理。

STEP2 打开咖啡机

将咖啡机旋钮式的开关旋转至"1"挡（见图4—60），咖啡机通电，锅炉进水但不加热。此时能够听见咖啡机抽水泵工作的声音，当抽水泵工作声音消失，进水完成，再将开关旋转至"2"挡（见图4—61），咖啡机开始加热工作。切记，不能直接将咖啡机开关旋转至"2"挡，因为锅炉内水量不足会导致加热器空烧而损坏。

图4—60 开关旋转至"1"挡　　　　　图4—61 开关旋转至"2"挡

STEP3 打开开水机

开水机电源开关通常是按钮式的，按下电源按钮，开水机开始工作。

STEP4 检查设备是否正常运行

打开咖啡机电源开关10 ~ 20 min后，咖啡机的锅炉气压为0.8 ~ 1.5 bar，按下萃取按钮后水压为8 ~ 10 bar时，咖啡机运行正常，可以使用，如图4—62所示；如果气压、水压不处于该区间则说明咖啡机运行异常，需要查明情况，若有故障，需要及时申请维修。

图4—62 正常工作状态下的压力表

打开开水机10 ~ 20 min后，开水机显示温度为95 ~ 100℃，表明开水机运行正常，可以使用；如果开水机长时间不加热或者温度达不到要求，需要检查原因，若机器故障，要申请维修。

在使用开水机时，一定要注意安全，避免被开水龙头或开水烫伤。

☕ 任务2 / 清洁、整理工作区域

STEP1 检查工作区域的卫生情况

依次检查工作台面、冷藏冰箱、咖啡机、磨豆机、开水机、地面的卫生情况。

STEP2 清洁工作区域

将抹布用清水打湿后拧干，清洁设备、设施表面的污渍，再清洁工作台面上的咖啡渍、水渍、奶渍等。

清洁卫生对咖啡店至关重要，要做到随手清洁，符合食品安全卫生要求。

STEP3 整理工作区域

（1）将抹布清洗后折叠整齐，摆放在指定位置，如图4—63所示。

（2）将工作台面上各种工具、原料等摆放整齐，保持台面干净整洁。

图4—63 抹布折叠整齐摆放

☕ 任务3 / 准备器具、工具、原料及耗材

扫码观看视频

STEP1 准备器具、工具

（1）准备足够数量的各类咖啡杯，将其整齐摆放在咖啡机温杯区预热，如图4—64所示。

（2）将与咖啡杯配套的咖啡碟、咖啡勺、托盘放在咖啡机旁边易于取用的位置。

图4—64 咖啡杯整齐摆放于咖啡机温杯区

（3）将干净的压粉垫放在工作台面上，便于填压咖啡粉，并保护工作台面不被破坏（大理石台面或者木质台面尤为需要）。

（4）将压粉锤放在干净的位置，一般放在压粉垫上，如图4—65所示。压粉锤表面要保持干燥，不能有水渍，否则在填压咖啡粉时会出现压粉锤沾粉的情况，如图4—66所示。因此，在使用压粉锤前，应观察压粉锤表面的状态，如果有水渍，必须先用干净的抹布擦拭再填压。

图4—65 压粉锤摆放

图4—66 压粉锤沾粉

（5）准备两把咖啡粉刷，放置在磨豆机旁。两把粉刷要区分使用，一把用于清洁咖啡机手柄粉碗，一把用于清洁磨豆机及工作台面上的咖啡粉。一般情况下会准备两把不一样的刷子，刷咖啡机手柄粉碗的小一号，刷工作台面的大一号，如果两个咖啡粉刷一样，可以用标签纸或马克笔做个标记，避免混用。

（6）准备至少两块不同颜色的干净抹布，一块用于擦拭咖啡机和工作台面（有的咖啡店会将擦拭咖啡机和工作台面的抹布也分开）；另外一块专用于擦拭咖啡机蒸汽棒，通常放在蒸汽棒旁的抹布垫上，如图4—67所示。两块抹布要清洗干净，折叠整齐，分开摆放，单独使用，避免交叉污染造成食品安全卫生问题，如图4—68所示。抹布使用后要及时清洗，避免有害细菌滋生，定期要对抹布进行消毒和更换。

图4—67 摆放擦拭蒸汽棒的抹布

图4—68 不同抹布的摆放位置

（7）准备两块口布，一块用于擦拭咖啡杯、咖啡碟，一块用于擦拭热水冲洗后的手柄。擦拭手柄粉碗的口布也常放在咖啡师围裙口袋里，如图4—69所示。

图4—69 擦拭手柄粉碗的口布

（8）将其他工具（如电子秤、秒表等）放在方便使用的位置。

STEP2 检查工具卫生情况和数量

（1）检查咖啡杯、咖啡碟是否有破口、裂痕，如果有应及时报损更换。

（2）检查器具、工具是否有污渍，如果有应及时清洗干净，用干净的口布擦拭。

（3）检查器具、工具的数量是否满足操作要求，一般按照营业最高峰时所需数量准备。

STEP3 准备原料和耗材

（1）准备适量新鲜的咖啡豆，倒入磨豆机豆仓内。

（2）检查糖浆瓶内的糖浆量，不足时需要及时补充。

（3）检查出品区和料理区的糖包、搅拌棒、纸巾等一次性耗品，应放在指定区域。

STEP4 检查原料的卫生情况

要求：咖啡豆新鲜，香气浓郁，糖浆瓶内无结晶析出，糖浆压棒出液口不能有结晶，糖包、搅拌棒及纸巾无破损、污渍。如果发现不符合卫生要求的情况，必须及时处理。

STEP1 检查设备

检查咖啡机是否正常运行，参考本项目任务1。

扫码观看视频

STEP2 温杯

温杯有以下两种方式。

方式1：将干净的咖啡杯直接放在咖啡机温杯区预热，如果咖啡杯用清水冲洗过，需要用口布擦拭干净才能放在咖啡机上预热，否则会在温杯区留下水渍，导致杯口不干净，还可能有水滴入咖啡机内部，影响咖啡机的正常使用。

图4—70 用热水温热咖啡杯

方式2：将热水倒入咖啡杯至八分满以上（见图4—70），浸泡5 s后倒掉热水，用口布将咖啡杯擦干。

STEP3 取下手柄并清洁粉碗

手握咖啡机手柄，顺时针平行旋转，取下手柄。如果手柄粉碗内有咖啡粉饼，应将咖啡粉饼敲至敲粉盒内，如图4—71所示。

图4—71 将咖啡粉饼敲入敲粉盒内

清洁手柄粉碗有以下两种情况。

情况1：如果手柄粉碗内干燥，只有少量干粉残留，则用手柄粉碗专用咖啡粉刷将粉碗内的残粉刷干净即可，如图4—72所示。

图4—72 用咖啡粉刷清洁粉碗内的残粉

情况2：如果手柄粉碗内的咖啡粉渣是潮湿的，可以按下冲泡头手动控制按钮，用热水冲洗手柄粉碗（见图4—73），再用专用抹布将手柄粉碗擦拭干净（见图4—74）。

图4—73 用热水冲洗手柄粉碗

图4—74 将手柄粉碗擦拭干净

STEP4 排水清洁冲泡头

按下咖啡机手动控制按钮，冲泡头开始排水，清洁冲泡头上残留的咖啡粉渣，再次按下手动控制按钮，排水停止。这个步骤可以与清洁手柄粉碗一起进行。

STEP5 调节磨豆机的研磨度并研磨咖啡粉

（1）查看磨豆机的研磨度，如果明显不适合，需要调整研磨度。

图4—75 电子秤数值清零

（2）将手柄平放在电子秤上，并将电子秤数值清零，如图4—75所示。

（3）在磨豆机上选择双份粉量按钮，如图4—76所示。

图4—76 选择双份粉量按钮

（4）将手柄平放在磨豆机填粉架上，点击触碰按钮，磨豆机开始研磨咖啡粉，如图4—77所示。

STEP6 填粉

将咖啡粉填充进手柄粉碗的过程称为填粉，填入咖啡粉的量称为填粉量，双份粉碗的填粉量建议为

图4—77 研磨咖啡粉

16 ～ 18 g，允许有 0.5 g 的误差，本书双份粉碗填粉量默认为（18±0.5）g。

填粉时，要求将咖啡粉均匀填充进粉碗且尽量少洒落在工作台面上，一是可以避免咖啡粉浪费，二是有利于更均匀地分布。因此，填粉过程中需要调整粉碗角度，将粉碗向前、后、左、右依次倾斜，尽量让咖啡粉处于粉碗中心。

具体操作如下：

先将手柄平放，点击触碰按钮，将粉碗往后倾斜（见图4—78），然后往左倾斜（见图4—79），再往右倾斜（见图4—80），最后平放（见图4—81），完成填粉过程。

图4—78 粉碗往后倾斜

图4—79 粉碗往左倾斜

图4—80 粉碗往右倾斜

图4—81 粉碗放平

STEP7 布粉

使咖啡粉平布在粉碗内的过程称为布粉，通常用食指或拇指与食指之间的虎口平刮咖啡粉，也可以借用粉仓盖或者布粉器布平咖啡粉。在国际比赛中，咖啡师也基本都是用手直接布粉的，较为常用的布粉方法是用食指四向布粉，这个方法比较适合初学者。

具体操作如下：

（1）左手将粉碗放平，伸直右手食指放在粉碗边上。

（2）先往左平刮，咖啡粉不要刮落到外面。

（3）然后往右平刮，咖啡粉不要刮落到外面。

（4）再往后（靠向自己的方向）平刮，咖啡粉不要刮落到外面，如图4—82所示。

（5）最后往前（远离自己的方向）平刮，将多余的咖啡粉刮进敲粉盒内，如图4—83所示。

图4—82 往后平刮咖啡粉

图4—83 将咖啡粉刮入敲粉盒

特别提示：

（1）布粉前要确认手是干净的。当然，制作咖啡之前必须洗手擦干，这是餐饮服务的基本卫生要求。

（2）布粉过程中，手指不要长时间紧碰粉碗边缘，特别是用热水冲洗过的粉碗，容易烫伤。

（3）手指平刮咖啡粉时不要往下压咖啡粉。

（4）如果是带粉仓的磨豆机，可以用粉仓盖布粉。

STEP8 填压

填压是指用压粉锤将咖啡粉在粉碗内填压紧实的过程，也称为夯粉。操作步骤如下。

（1）用左手（或右手）掌心顶住压粉锤的末端（见图4—84），再用中指、无名指、小指圈住压粉锤手把，不要用力握，只要能够撑住即可。

扫码观看视频

图4—84 掌心顶住压粉锤

（2）将拇指和食指分别放置在压粉锤底座的两侧，拇指与食指位置必须对称，如图4—85所示。

（3）人侧着站，右手（或左手）将手柄倾斜放在压粉垫上，左手（或右手）持压粉锤，使压粉锤与手柄粉碗垂直，用拇指和食指触碰粉碗边缘，确保压粉锤填压面与咖啡粉表面平行，如图4—86所示。

图4—85 拇指与食指对称贴紧压粉锤边缘

图4—86 拇指与食指触碰粉碗边缘

（4）身体前倾，用上半身的力量带动手臂下压，将压粉锤底座平压在咖啡粉上，拇指与食指用力，将咖啡粉填压平整。

特别提示：

（1）正确的填压姿势可以更节约体力，而不正确的填压姿势可能会造成腰肌劳损、骨折等。

（2）填压最关键的是要将咖啡粉填平，填压不平整容易造成通道效应。

（3）填压的力度相当于13～20 kg物体的重力，不宜太小也不宜太大。

（4）填压的重点在于施力的方式，施力的大小要稳定，可以通过反复练习达到，在刚开始练习填压时，建议每次用同样的施力方式和相同的粉量进行练习。

（5）可以将拇指和食指置于不同方位，调整压粉锤平衡，确保平整后再填压，如图4—87、图4—88所示。

图4—87 两指12点钟和6点钟方向对平　图4—88 两指3点钟和9点钟方向对平

（6）如果使用压粉锤填压不平整，可以借助布粉器布粉平压（见图4—89），使咖啡粉平整（见图4—90）。

图4—89 用布粉器平压咖啡粉　　　图4—90 粉碗内平整的咖啡粉

STEP9 清洁手柄外残粉

填压完成后需要清洁手柄粉碗外残留的咖啡粉，可用咖啡粉刷清洁，也可以直接用手清洁，如图4—91、图4—92所示。残粉不及时清理会沾在冲泡头边缘，影响密封性，且容易使咖啡出现苦涩味。

图4—91 用咖啡粉刷清洁粉碗外的残粉　　　　图4—92 用手指清洁粉碗外的残粉

在操作过程中，有些咖啡师会将手柄倒扣，清理残粉，如图4—93所示。但是如果填压不紧实，会出现粉碗内咖啡粉直接掉进敲粉盒的情况。

图4—93 手柄倒扣

STEP10 排水降温

排水是指打开咖啡机冲泡头排放热水的过程。排水主要有两个作用，一是清洗冲泡头上残留的咖啡粉渣，二是降低冲泡咖啡的水温。咖啡机锅炉压力较大，锅炉内的水温会超过100℃，使冲泡头排出的水温度高于意式浓缩咖啡萃取最佳温度（92～96℃），通过排水可以更新冲泡系统内的水，使其温度降低。

排水过程如下。

（1）按下咖啡机控制面板上的手动控制按钮，如图 4—94 所示。

图 4—94 按下手动控制按钮

（2）持续排水 5 s 左右。

（3）再次按下手动控制按钮，结束排水。

特别提示：

（1）冲泡头排出的热水水温很高，应注意安全，避免烫伤。

（2）如果不排水降温或排水较少，水温过高容易导致咖啡萃取过度，出现焦苦味。

（3）如果排水过多，水温偏低容易导致萃取不足，使咖啡味偏淡，酸味过高。

STEP11 安装手柄并立即萃取

（1）将咖啡手柄水平摆放，从冲泡头左侧 8 点钟方向水平往上提手柄（见图 4—95），手柄进入冲泡头轨道后逆时针水平旋转，扣紧手柄（见图 4—96）。

图 4—95 8 点钟方向往上水平提手柄

图 4—96 逆时针水平旋转，扣紧手柄

（2）5 s 内立即同时按下秒表与手动控制按钮（见图4—97）。安装手柄和按手动控制按钮是一个连贯动作。

图4—97 左右手同时按下手动控制按钮和秒表

（3）摆放对正咖啡杯或玻璃量杯。

特别提示：

（1）手柄必须拿平，否则很难扣上咖啡机。

（2）手柄必须扣紧实，否则会出现水从侧面漏出的情况。

（3）手柄安装好后必须立即萃取，否则冲泡头的高温及水蒸气会使咖啡粉表面发生预浸泡，容易出现过度萃取，且与粉碗下方未接触水的咖啡粉萃取程度不一致。

STEP12 完成萃取

观察咖啡液萃取流速和萃取量，达到目标值后再次按下手动控制按钮，完成萃取，如图4—98所示。萃取量、萃取时间是根据意式浓缩咖啡的类型决定的。

图4—98 观察量杯里的咖啡液量和秒表的时间

STEP13 清洁手柄

萃取完成后要及时清洁手柄，将手柄粉碗内的咖啡粉清理掉。清理过程如下。

（1）顺时针取下手柄。

（2）将粉碗内的粉饼敲到敲粉盒内。

（3）用咖啡粉刷清洁粉碗。

（4）如果咖啡粉刷清洁后还有粉渣或咖啡渍残留，再用冲泡头排出的热水冲洗粉碗。

（5）用干口布将粉碗擦拭干净。

（以上操作过程可以参考本任务 Step3。）

（6）将手柄扣回至冲泡头上，保温手柄，方便继续使用。

任务5 ／ 使用半自动压力式咖啡机制作两杯标准单份意式浓缩咖啡

STEP1 准备工作

准备两套单份意式浓缩咖啡杯，其他准备工作请参考本项目任务3。

扫码观看视频

STEP2 调节磨豆机的研磨度

参考项目1中磨豆机的研磨度调节方法。

STEP3 完成咖啡萃取过程

按照本项目任务4的操作过程，完成清洁手柄—研磨咖啡粉—填粉—布粉—填压—清洁手柄外残粉—排水降温—安装手柄并立即萃取等步骤。完成萃取后再按下手动控制按钮，停止萃取。

STEP4 检测咖啡液是否符合标准单份意式浓缩咖啡要求

（1）标准单份意式浓缩咖啡液萃取量为 30 mL 或 15 ~ 25 g，体积以咖啡油脂表面对应的量杯刻度为准，如图 4—99 所示。

图4—99 标准单份意式浓缩咖啡萃取量和时间

（2）萃取时间在 20 ~ 30 s，萃取时间是从按下手动控制按钮开始计算，到再次按下按钮停止萃取结束。

（3）咖啡油脂完整覆盖咖啡液表面，不能"开天窗"，"开天窗"代表油脂稳定性差。

（4）咖啡油脂呈现金黄色、琥珀色。

（5）咖啡液浓度要求在 8% ~ 12%，如图 4—100 所示。

图4—100 测试标准单份意式浓缩咖啡液浓度

（6）如果萃取结果不符合要求，需要调节磨豆机后再次萃取，调节方法见表4—6。

表4—6 相同萃取量不同萃取时间的原因和磨豆机调整方法				
咖啡粉用量	单杯萃取量	萃取时间	原因	调节方法
（18±0.5）g	30 mL	少于20 s	流速过快，研磨度过粗	研磨度调细
（18±0.5）g	30 mL	20～30 s	正好	不需要调整
（18±0.5）g	30 mL	多于30 s	流速过慢，研磨度过细	研磨度调粗

（7）调整完后再进行Step 3和Step 4，直到萃取时间和萃取量符合要求。最后再用单份意式浓缩咖啡杯直接萃取咖啡液，如图4—101所示。

图4—101 用单份意式浓缩咖啡杯直接萃取咖啡液

特别提示：

（1）手动控制按钮必须与秒表同时按下，手动控制按钮按下后延迟3～6 s才出咖啡液。

（2）咖啡液的萃取量应看咖啡油脂表面对应的量杯刻度值，咖啡豆太过新鲜会导致油脂消失比较快。

（3）测量咖啡浓度时，应使用干净的滴定管。

（4）磨豆机的调节幅度要依据萃取时间与标准范围的偏差确定，偏差大的多调一点，偏差小的少调一点。调节时一般以一小格为幅度调，不能调节过多。另外，调节后必须先研磨一部分咖啡粉，用于清理、替换磨豆机内残存的咖啡粉。

STEP5 标准单份意式浓缩咖啡出品服务要求

咖啡杯必须配有咖啡碟、咖啡勺、糖包和纸巾，出品前必须检查杯具是否干净整洁，如果出现不干净的情况应该及时处理，如果影响饮用必须重新制作。出品时必须使用托盘，应该将咖啡杯耳和咖啡勺柄朝向顾客的右手侧，糖包带logo（商标）的面朝上放在顾客的左手侧，标准摆放如图4—102所示。

图4—102 两杯单份意式浓缩咖啡标准摆放

具体操作步骤如下。

（1）检查咖啡杯、咖啡碟的卫生情况。

（2）摆放咖啡杯，杯耳朝向顾客的右手侧。

（3）摆放餐巾纸，餐巾纸要折叠整齐。

（4）将糖包带logo的面朝上，放在顾客的左手侧。

（5）摆放咖啡勺，勺柄朝向顾客的右手侧。

（6）将咖啡杯平稳放在托盘上，出品。

☕ 任务6 / 使用半自动压力式咖啡机制作一杯标准双份意式浓缩咖啡

STEP1 准备工作

准备一套双份意式浓缩咖啡杯，其他准备工作请参考本项目任务3。

STEP2 调节磨豆机的研磨度

参考项目 1 中磨豆机的研磨度调节方法进行调节。

STEP3 完成咖啡萃取过程

按照本项目任务 4 的操作过程完成萃取。

STEP4 检测意式浓缩咖啡液是否符合要求

标准双份意式浓缩咖啡要求萃取时间为 20 ~ 30 s，双份萃取量为 60 mL 或 20 ~ 45 g，咖啡浓度为 8% ~ 12%，咖啡油脂完整覆盖咖啡液表面，不能"开天窗"，咖啡油脂呈现金黄色、琥珀色。如果不符合标准，请参考本项目任务 5 的调节方法调整研磨度，再次萃取，直至符合萃取标准。然后用一个双份意式浓缩咖啡杯直接萃取一杯标准双份意式浓缩咖啡，如图 4—103 所示。

图 4—103 用双份意式浓缩咖啡杯直接盛放咖啡液

STEP5 标准双份意式浓缩咖啡出品服务要求

可参考标准单份意式浓缩咖啡出品服务要求，如图 4—104 所示。

图 4—104 一杯标准双份意式浓缩咖啡出品

任务7 / 使用半自动压力式咖啡机制作一杯短萃意式浓缩咖啡

STEP1 准备工作

准备两套单份意式浓缩咖啡杯，其他准备工作请参考本项目任务3。

STEP2 调节磨豆机的研磨度

参考项目1中磨豆机的研磨度调节方法进行调节。

扫码观看视频

STEP3 完成咖啡萃取过程

按照本项目任务4的操作过程完成萃取。

STEP4 检测意式浓缩咖啡液是否符合要求

短萃意式浓缩咖啡要求萃取时间为 20 ~ 30 s，单份萃取量为 15 mL 或 6 ~ 16 g，咖啡浓度为 12% ~ 18%，咖啡油脂完整覆盖咖啡液表面，不能"开天窗"，咖啡油脂呈现金黄色、琥珀色，略带焦黑色。如果不符合标准，请参考本项目任务5的调节方法调整研磨度，再次萃取，直至符合萃取标准，如图4—105所示。然后用两个单份意式浓缩咖啡杯直接萃取两杯短萃意式浓缩咖啡。

图4—105 短萃意式浓缩咖啡测试

STEP5 短萃意式浓缩咖啡出品服务要求

可参考标准单份意式浓缩咖啡出品服务要求。

任务8 / 使用半自动压力式咖啡机制作两杯长萃 意式浓缩咖啡

STEP1 准备工作

准备两套双份意式浓缩咖啡杯，其他准备工作请参考本项目任务3。

STEP2 调节磨豆机的研磨度

参考项目1中磨豆机的研磨度调节方法进行调节。

扫码观看视频

STEP3 完成咖啡萃取过程

按照本项目任务4的操作过程完成萃取。

STEP4 检测意式浓缩咖啡液是否符合要求

长萃意式浓缩咖啡要求萃取时间为 20 ~ 30 s，单份萃取量为 45 mL 或 18 ~ 36 g，咖啡浓度为 5% ~ 8%，咖啡油脂完整覆盖咖啡液表面，不能"开天窗"，咖啡油脂大部分呈现金黄色、琥珀色，有少量偏白色。如果不符合标准，请参考本项目任务5的调节方法调整研磨度，再次萃取，直至符合萃取标准，如图4—106所示。然后用两个双份意式浓缩咖啡杯直接萃取两杯长萃意式浓缩咖啡，如图4—107所示。

图4—106 长萃意式浓缩咖啡测试 　　图4—107 萃取长萃意式浓缩咖啡

STEP5 长萃意式浓缩咖啡出品服务要求

可参考标准单份意式浓缩咖啡出品服务要求。

任务9 / 使用半自动压力式咖啡机制作一杯冰意式浓缩咖啡

STEP1 准备工作

准备一套单份意式浓缩咖啡杯，建议使用冰块冰杯，再准备一套摇壶。

STEP2 制作标准单份意式浓缩咖啡

参考本项目任务4制作一份标准单份意式浓缩咖啡。

STEP3 摇晃

（1）在摇壶内加入冰块，如图4—108所示。

图4—108 在摇壶内加入冰块

图4—109 加入单份意式浓缩咖啡

（2）加入一份标准单份意式浓缩咖啡，如图4—109所示。

图4—110 盖紧摇壶盖子

扫码观看视频

（3）盖紧摇壶的盖子，如图4—110所示。

（4）左手中指顶住摇壶壶底，拇指抓住滤冰器，右手拇指顶住盖子，中指扶着壶身，食指和无名指卡住摇壶，掌心远离壶身，避免掌心温度影响冰块融化速度，如图 4—111 所示。

（5）将摇壶侧着置于与耳朵平齐的位置，手臂手腕一起用力，均匀摇晃，

图 4—111 手握摇壶的姿势

图 4—112 均匀摇晃摇壶

如图 4—112 所示。

（6）摇晃至摇壶外出现水雾，停止摇晃，如图 4—113 所示。

STEP4 倒出冷却的咖啡液

打开摇壶盖，将咖啡液倒入冷却过的单份意式浓缩咖啡杯中。倾倒时一只手倒咖啡液，一只手扶住咖啡杯，应该用食指卡住摇壶过滤器。

图 4—113 摇壶外有水雾

STEP5 冰意式浓缩咖啡出品服务要求

冰意式浓缩咖啡表面应有一层细腻的泡沫，温度低于 8℃。

咖啡杯必须配有咖啡碟、咖啡勺、糖浆、牛奶和纸巾。咖啡店内糖浆和牛奶一般盛放在奶盅里，也可直接配糖浆包和奶油球。

任务 10 / 半自动压力式咖啡机的日常清洁

每次制作完咖啡后都需要及时清洁咖啡机，每天营业结束后还要整体清理，日常清洁操作如下。

STEP1 清洁咖啡机冲泡头和手柄

（1）每次萃取咖啡后，及时卸下手柄，打开咖啡机手动控制按钮，用排热水的方式清洗残留在冲泡头上的咖啡粉渣及油脂，避免冲泡头里残留的粉渣流入咖啡液中，影响咖啡品质，同时保护冲泡头。

（2）每日营业结束之后，咖啡机冲泡头上会沾有很多咖啡粉渣（见图4—114），用冲泡头清洁刷对冲泡头分水网和冲泡头的橡胶圈进行清洁，然后将来回转动装在冲泡头上的手柄，反冲洗咖啡机冲泡头（见图4—115），最后通过排热水冲洗冲泡头。

图4—114 有咖啡粉渣的冲泡头　　　　图4—115 用手柄反冲洗冲泡头

（3）清洗手柄

1）每次咖啡萃取完成后，立即将手柄取下敲掉咖啡粉渣。观察手柄，如果干燥，用专用咖啡粉刷刷干净即可。

2）如果手柄上沾有湿的咖啡粉渣，将手柄粉碗放在冲泡头正下方，开启冲泡头手动控制按钮，用热水将手柄粉碗内外的咖啡粉渣、咖啡油脂冲洗干净，如图4—116所示。然后用干的专用口布将粉碗擦拭干净，如图4—117所示。无须制作咖啡时，将手柄安装在冲泡头上保温。注意粉碗与手把之间的间隙会残留部分水，因此擦拭前要将其沥干，避免滴到其他区域。

STEP2 清洁蒸汽棒

（1）每次使用蒸汽棒制作奶沫后，必须立即使用专用且干净的湿抹布将蒸汽棒擦拭干净，然后打开蒸汽开关，空喷蒸汽3 s，将蒸汽棒内残留的牛奶、污渍冲洗干净，确保蒸汽孔畅通。

图 4—116 用热水冲洗手柄粉碗内外

图 4—117 用口布擦拭粉碗内外

（2）当蒸汽棒清洁不及时或清洁不到位时，蒸汽棒上会有牛奶残留物。可以将蒸汽棒浸泡在水里一段时间（见图 4—118），打开蒸汽棒开关，高温蒸汽会使残留物软化，再用湿抹布擦拭干净。如果蒸汽孔堵塞，可以多重复几次，直至蒸汽棒畅通。

图 4—118 清洁蒸汽棒

STEP3 清理温杯区

（1）将温杯区内的器具、杯子都移至指定区域。

（2）温杯区有沥水垫的，先将其取出放入水池清洗，如图 4—119 所示。

图 4—119 取出沥水垫

（3）如图4—120所示，用干净的湿抹布擦拭温杯区表面的水渍，擦拭的抹布必须拧干，避免水滴入咖啡机内。擦拭过程中要注意安全，避免烫伤。

（4）将沥水垫擦拭干净后放回咖啡机温杯区，完成清洁过程。有需要的再将器具摆放回温杯区。

图4—120 用拧干的湿抹布擦拭温杯区水渍

STEP4 清洁接水盘区和排水管道

（1）先清洁接水盘上方不锈钢面板上的污渍，如图4—121所示。

（2）将接水盘轻轻取出，放在水池内，用水冲洗干净，如图4—122所示。

图4—121 清洁接水盘上方面板上的污渍

（3）接水盘上有污渍凝结的需要用抹布或百洁布擦洗，如图4—123所示。

（4）用干净抹布将接水盘擦拭干净。

（5）如图4—124所示，用热水冲洗排水管道，然后将管道口擦拭干净。

（6）将接水盘放回至咖啡机上。

图4—122 取出接水盘

图4—123 洗接水盘

图4—124 用热水冲洗排水管道

特别提示：整个清洁过程中需要注意安全，手不要碰到接水盘边角锋利处，容易被割伤，在清洁过程中也可以戴清洁防护手套。

STEP5 清洁外表面

用干净的湿抹布擦拭咖啡机外表面，抹布要先拧干，擦拭至无水渍和咖啡粉渣残留即可，如图4—125所示。如果需使用清洁剂，请选用温和无腐蚀性的清洁剂。应将清洁剂喷于湿抹布上再擦拭机身，不能直接将清洁剂喷于咖啡机机身上，避免不小心喷到咖啡机内部，损坏内部零件。

图4—125 擦拭咖啡机外表面

☕ 任务11 / 描述意式浓缩咖啡的感官特征

STEP1 描述咖啡香气

如图4—126所示，用鼻子闻咖啡的香气，然后描述香气的特征。意式浓缩咖啡有水果、焦糖、黑糖、香草、可可和坚果的优质香气，也有稻草味、泥土味、焦烟味、陈木头味等让人不愉悦的香气。

图4—126 闻意式浓缩咖啡香气

STEP2 描述咖啡风味

咖啡风味是指用嘴品尝到的味道。如图4—127所示，品尝咖啡的风味并加以描述。意式浓缩咖啡的风味主要有焦糖味、坚果味、巧克力味、可可味、杏仁味等。

STEP3 描述咖啡酸味

咖啡生豆中天然存在酸味，酸味主要来源于咖啡生豆中的有机酸，如苹果酸、柠檬酸、酒石酸等，在烘焙

图4—127 品尝意式浓缩咖啡

过程中它们会发生一系列的化学变化。深烘焙的咖啡酸度低、浅烘焙的咖啡酸度高。咖啡酸味中让人愉悦的酸被称为优质的酸，清新、明亮、活泼，如苹果、柑橘的酸味；而让人不愉悦的酸，暗淡、刺激、尖锐，类似醋酸和磷酸。酸味还分强弱，但强弱与优劣无关。在描述咖啡酸味时，我们通常会借用具象的食物去表示，如这款咖啡的酸类似于成熟的青苹果酸。

STEP4 描述咖啡甜味和苦味

咖啡中的甜味和苦味会随着咖啡豆拼配配方、烘焙程度差异而变化，在制作咖啡时，萃取条件的变化也会直接影响咖啡的甜苦平衡。描述咖啡的甜味和苦味主要先考虑其是否平衡，然后具体分析甜味和苦味，如类似焦糖的甜、西柚的苦。

STEP5 描述咖啡口感

咖啡的口感主要体现在余韵和醇厚度上。余韵是指留在口腔内挥之不去的香气和风味，余韵持续时间长的通常表述为连绵不绝，持续时间短的表述为余韵短促。醇厚度主要用单薄、醇厚、圆润、丝滑、厚实等词汇来表示，也会寻找类似的液体进行比对，如像水一样单薄，像牛奶一样醇厚。

提高

一、影响意式浓缩咖啡萃取时间的因素

1. 研磨度对咖啡萃取时间的影响

咖啡粉研磨得越粗，咖啡粉之间的间隙就越大，水穿透咖啡粉时受的阻力越小，水与咖啡粉的接触时间就越短，即萃取时间越短；反之，则萃取时间越长。

2. 咖啡粉的用量对咖啡萃取时间的影响

同等体积的手柄填粉越多，粉的密度就越大，水穿透咖啡粉时受的阻力也越大，水与咖啡粉的接触时间就越长，即萃取时间越长；反之，则萃取时间越短。

3. 填压技术对咖啡萃取时间的影响

填压得越用力，咖啡粉的密度就越大，咖啡粉表面与冲泡头之间间隙就会越大，水会先填满这个空间，但当水与咖啡粉接触之后，咖啡粉会膨胀，水穿透咖啡粉时受的阻力并没有因此而受到影响。因此，填压技术更多地影响最开始出咖啡液的时间和萃取的均匀性，对咖啡萃取时间的影响并不明显，不如研磨度和咖啡粉用量影响大。

二、影响意式浓缩咖啡基础感官特征的因素

1. 咖啡萃取率

（1）咖啡萃取率定义。咖啡萃取率＝溶解于咖啡液中的可溶性固形物质量（g）／咖啡粉的质量（g）×100％，即咖啡粉中有多少咖啡物质溶解于咖啡液中。萃取率反映的是咖啡的口味。

（2）咖啡的最佳萃取率。根据精品咖啡协会的研究结果，咖啡粉中最多只有30％的物质可溶于水，该数值被称为最大萃取率。而可溶于水的物质中只有60％~70％是让人感到愉悦的，即让人们感到愉悦的物质只占咖啡粉用量的18％~21％，这一区间被称为最佳萃取率。意式浓缩咖啡的最佳萃取率为18％~21％，其他如美式咖啡、手冲咖啡等常规咖啡液的最佳萃取率为18％~22％。

咖啡萃取率偏低或偏高都会影响咖啡口味，以意式浓缩咖啡为例：当萃取率低于18％时，称为萃取不足，口味主要表现为酸味，风味不完整，因为咖啡中一些比较优质的风味物质没有被萃取出来；当萃取率大于21％时，称为萃取过度，口味主要表现为苦涩味，味道比较杂，因为咖啡中一些比较令人不愉悦的风味物质也被萃取出来了；当萃取率为18％~21％时，称为适度萃取或最佳萃取，口味应该表现为酸苦平衡，风味丰富多样，几乎没有让人不愉悦的风味。

2. 咖啡浓度

咖啡浓度反映的是咖啡的口感，不同类型的咖啡对咖啡浓度的要求是有差异的，见表 4—7。精品咖啡协会对手冲咖啡浓度的要求为 1.15% ~ 1.45%。

表 4—7　短萃、标准、长萃意式浓缩咖啡浓度要求

咖啡类型	短萃意式浓缩咖啡	标准意式浓缩咖啡	长萃意式浓缩咖啡
咖啡浓度	12% ~ 18%	8% ~ 12%	5% ~ 8%

3. 技术因素

（1）研磨度。咖啡粉的研磨度会影响咖啡粉与水接触的表面积及水穿透咖啡粉时的流动速度（接触时间），从而影响咖啡的基础感官特征。

1）研磨度越细，水穿透咖啡粉的速度越慢，与咖啡粉接触的时间越长，咖啡的萃取率越低，口味偏酸，容易有青草味。咖啡粉过于细会导致水不能穿透。

2）研磨度越粗，水穿透咖啡粉的速度越快，与咖啡粉接触的时间越长，咖啡的萃取率越高，咖啡苦味增加，口味更尖锐。

（2）萃取时间。萃取时间会影响咖啡液中的可溶性固形物的含量。萃取时间越长，咖啡中的可溶性固形物越多，口感越醇厚；萃取时间越短，咖啡中可溶性固形物越少，口感越淡薄。

（3）咖啡粉的用量。一杯优质的咖啡需要有足够的咖啡粉，咖啡粉的用量主要会影响咖啡液的浓度。

1）增加咖啡粉用量会增大咖啡液的浓度，使咖啡口感更醇厚。

2）减少咖啡粉用量会降低咖啡液的浓度，使咖啡口感偏淡薄。

（4）填压技术。填压力度的轻重对咖啡口感影响不大，但填压不平整（出现坡度）或填压之后再敲咖啡手柄容易出现通道效应，造成萃取不均匀，使咖啡出现杂味。

（5）水温。水温的选取基于咖啡师期望从咖啡粉中溶解出什么样的风味。高温适合坚果、可可、焦糖味丰富的咖啡；低温适合新鲜，酸味明显，有花香、水果味的咖啡。提高水温还可以加快可溶性固形物的溶解速度，增大萃取率。

（6）压力。半自动压力式咖啡机的压力主要来源于气压和水压。压力会改变咖啡的萃取时间，压力越大，水穿透咖啡粉时的流速越快，萃取时间越短。增加压力会提高咖啡的萃取率，压力越大，萃取率越大。

三、通道效应

1. 咖啡萃取的通道效应

通道效应是个物理学概念，但在咖啡萃取过程中也会产生。制作意式浓缩咖啡时，水流应该是均匀通过咖啡粉完成萃取过程的，但当咖啡粉由于某种原因使水受到的阻力不均衡时，水经过咖啡粉时会优先选择阻力最小的路径穿过，而阻力大的咖啡粉处则只有少量水穿过，这个现象称为咖啡萃取的通道效应。产生通道效应会导致水经过的主路径周围的咖啡粉与水接触过多而萃取过度，其他区域则因为与水接触过少而萃取不足，造成整体萃取不均匀，味道杂乱。

2. 通道效应产生的原因

（1）磨豆机磨盘受损等原因导致研磨的咖啡粉粗细不均匀，咖啡粉间隙大小不一致。

（2）手柄粉碗内的咖啡粉填粉及布粉不均匀，导致一边粉多一边粉少，水经过咖啡粉时，会更多地从咖啡粉少处流过。

（3）咖啡粉填压后有坡度，或在填压后还敲手柄。

（4）手柄粉碗堵塞或质量不好。

3. 避免通道效应的方法

（1）定期清洁磨豆机，去除磨豆机磨盘上沉淀的污渍和粉渣。

（2）定期检查磨盘是否受损，如果磨盘受损，出现咖啡粉研磨粗细不均匀的情况，应及时更换磨盘。

（3）优化填粉和布粉过程，确保布粉后咖啡粉在手柄粉碗中的密度是均匀的。

（4）定期清洗粉碗，粉碗受损时应及时更换。

在这个世界上没有两个一样的人，也不会有两杯一样的咖啡，这就是咖啡最大的魅力所在——每一杯咖啡都有其独特的风味。作为一名咖啡师，我们可以通过不断学习和进步，让每一杯咖啡发挥出它最佳的风味，给我们的顾客最完美的体验，这就是我们的价值所在。

CHAPTER

5

传统咖啡制作

項
目 ① **奶沫制作**

＊ 知识准备

扫码观看视频

一、牛奶的选择

制作奶沫通常会选择全脂牛奶，因为全脂牛奶的奶香味更浓郁，口感更加丝滑、

圆润、醇厚，制作出的奶沫也更加细腻

稳定。每 100 mL 的全脂牛奶中含有脂肪

3.2 ~ 4.0 g、蛋白质 2.7 ~ 3.8 g，具体成

分的量可以查看牛奶的营养成分表（见图

5—1）。牛奶使用前需要冷藏至 3 ~ 5℃，

冷藏后的牛奶打发效果更佳。

图5—1 牛奶营养成分表

二、奶缸选择

奶缸规格、品牌、造型种类繁多，例如根据缸嘴结构可细分为长嘴奶缸、

尖嘴奶缸和圆嘴奶缸，咖啡师会根据用途和个人习惯选择不同类型的奶缸，现

在常用的为 600 mL 和 700 mL 的奶缸。

三、奶沫的打发过程

奶沫打发分为发沫和加热融合两个阶段。

1. 发沫阶段

从牛奶初始温度到35℃，温度差越大，发沫时间越长，这就是要将牛奶冷藏

至 3 ~ 5℃，而不使用常温牛奶的原因。发沫阶段是通过咖啡机的水蒸气改变牛奶

的分子结构，产生"呲呲"的声音和细腻的奶沫。发沫阶段需要注意以下三点。

（1）蒸汽棒必须伸至牛奶液面下方 1 cm 左右，如果伸入太多会将蒸汽直接打在不锈钢上，产生刺耳的噪声，而且不能发沫。如果伸入太少会导致空气进入牛奶内，出现大的奶泡，这种奶泡体积大且不够稳定，如图 5—2 所示。

（2）必须以蒸汽为推力，使牛奶在奶缸内绕同一个方向（顺时针或逆时针）均匀地旋转，让奶沫细腻均匀，如果旋转方向不一致，会出现奶沫大小不一、细腻程度不够的情况。

图 5—2 不够稳定的
大奶泡

（3）发沫必须在 35℃以内完成，超过 35℃继续发沫会导致奶沫干燥，缺乏流动性，在咖啡上呈现半固体状态，如图 5—3 所示。

2. 加热融合阶段

从 35℃至最终温度（55 ~ 65℃）是奶沫加热融合阶段。

图 5—3 奶沫干燥，
呈现半固体状态

加热融合阶段会将发沫阶段产生的大的奶沫打发得更均衡。牛奶打发的最终温度为55 ~ 65℃，如果温度过低会影响咖啡的口感；如果温度过高，牛奶中的蛋白质会变质，影响牛奶风味，而且容易烫嘴。在实际制作过程中，牛奶的最终温度会随着季节的变化和用途而调整，夏季温度会更接近55℃，冬季会更接近65℃。

特别提示：

咖啡师通常用手触摸奶缸感知温度，如果手开始能感觉到奶缸的温度，说明牛奶温度与手的温度接近，代表牛奶温度在 35℃左右；如果手能明显感觉到奶缸烫，且手触摸 3 s 左右就不能继续触摸，代表牛奶温度接近 65℃。

奶沫打发过程可以根据实际情况适当调整，如果需要少量的奶沫，如半打发奶沫时，可以缩短发沫阶段的时间，提早进入加热融合阶段。

执行

任务1 / 使用蒸汽棒制作奶沫

STEP1 检查设备、工具和原料

（1）检查咖啡机气压是否处于正常范围内（0.8 ~ 1.5 bar）。

（2）检查奶缸规格、数量和清洁卫生。至少需要2个奶缸，且内外不能有咖啡渍或奶渍。

（3）检查牛奶是否符合食品安全卫生要求且冷藏至3 ~ 5℃，牛奶量是否满足制作奶沫的需求。

STEP2 在奶缸中倒入冷藏牛奶

在奶缸中倒入冷藏的牛奶，一般要倒至奶缸的一半左右，或者以奶缸的凹槽口作为位置标记，如图5—4所示。

无论奶缸大小，牛奶都必须倒至这个位置，原因如下。

图5—4 牛奶倒至奶缸凹槽处

（1）牛奶量过少时，蒸汽容易打到奶缸底部不锈钢，牛奶不易形成漩涡，而且温度会上升过快。

（2）牛奶量过多时，牛奶打发后体积增加，再加上旋转产生的离心力，容易溢到奶缸外，洒到工作台面上。

正是因为如此，咖啡师需要根据牛奶具体使用量选择合适规格的奶缸，不能用大奶缸打发少量的奶沫，也不能用小奶缸打发大量的奶沫。

STEP3 排放蒸汽

将蒸汽棒喷气口朝向咖啡机内，用抹布挡住蒸汽棒，打开蒸汽棒开关，排放蒸汽2 ~ 3 s，如图5—5所示。排放蒸汽的目的是排出蒸汽棒内多余的冷凝水，且排除蒸汽棒内有牛奶渍残留的可能性。

图5—5 用抹布包住蒸汽棒排放蒸汽

STEP4 奶沫制作

奶沫制作的方法有很多种，通常可分为美式打发和欧式打发两种。美式打发是将蒸汽棒斜插入牛奶，适合初学者，容易掌握，但是奶沫的细腻程度不如欧式打发的好；欧式打发主要是将蒸汽棒垂直插入牛奶，不容易发沫，对手势稳定性要求更高，适合有一定经验的从业者，其奶沫打发的效果更佳。

本书主要介绍初学者使用更多的美式打发，其具体步骤如下。

（1）将奶缸拿平，将蒸汽棒靠着奶缸嘴斜插入牛奶，斜插角度为 60°～75°，如图 5—6 所示。

（2）将蒸汽棒插至牛奶液面下方1 cm处，偏离牛奶中心一些。

图5—6 蒸汽棒斜插进奶缸

（3）打开蒸汽棒，使牛奶绕一个方向均匀旋转，如图 5—7 所示。用手触摸奶缸感觉温度变化，听奶沫打发的声音。

（4）往下持续缓慢地拉奶缸，注意往下拉的过程中需要始终保持蒸汽棒插在牛奶里面，控制好蒸汽量，用手感觉温度变化，当感觉到奶缸温度高于手掌温度时，将奶缸往上拉。

图5—7 牛奶在奶缸里旋转打发

（5）调整角度，让牛奶形成漩涡，打绵打细奶沫，用手感觉温度变化。

（6）手感觉到奶缸发烫（60～65℃）时关闭蒸汽棒。

（7）用蒸汽棒专用抹布包住蒸汽棒，360°旋转擦拭干净，如图5—8所示。

（8）喷蒸汽清洁蒸汽棒，如图5—9所示。

图5—8 用抹布包裹擦拭蒸汽棒

图5—9 喷蒸汽清洁蒸汽棒

STEP5 完成奶沫制作

（1）上下抖动奶缸，振破表面的粗沫，一般用右手抖动奶缸，左手盖在奶缸上方，避免抖动过程中奶沫溅到外面，如图5—10所示。

（2）左右摇晃奶缸，将奶沫混合均匀，如图5—11所示。

图5—10 抖动奶缸

图5—11 摇晃奶缸

任务2 / 清洁蒸汽棒

STEP1 擦拭蒸汽棒

打完奶沫后，蒸汽棒上会沾有奶沫（见图5—12），应立即清洁蒸汽棒。用专用抹布将蒸汽棒包裹住，用力沿着蒸汽棒旋转抹布，擦拭蒸汽棒，要求擦至蒸汽棒表面无奶渍。

如果不及时清洁蒸汽棒，其表面会有奶渍残余，干燥后形成奶垢不易清理（见图5—13），而且容易成为食品安全隐患。如果出现奶垢，应该先打开蒸汽棒排放蒸汽一段时间，然后用湿抹布用力擦拭干净。

图5—12 打发后蒸汽棒上沾有奶沫　　　　图5—13 蒸汽棒上的奶垢

STEP2 排放蒸汽

将蒸汽棒喷气口朝向咖啡机，用抹布挡住蒸汽棒，打开蒸汽棒开关，排放蒸汽2～3 s，清洁蒸汽棒内部，避免有牛奶残留堵塞蒸汽棒。

特别提示：

（1）擦拭清洁蒸汽棒过程中要注意安全，避免手碰到蒸汽棒而被烫伤。现在有一些品质好的咖啡机会配备隔热的蒸汽棒。

（2）蒸汽棒专用抹布要单独摆放，不要与擦工作台面的抹布混用。使用后要及时清洗抹布，避免因牛奶变质而产生异味。

项目② 奶油枪打发奶油

扫码观看视频

✳ 知识准备

一、奶油枪的结构

奶油枪（见图5—14）有时也称为奶油发泡器，但它的用途广泛，绝不仅限于打发奶油。它可以用在调酒、咖啡制作、西点制作等领域，通过简单有效的操作做出美味佳肴及饮品。

图5—14 奶油枪的部件

奶油枪分为上下两个部分，上面是枪头，用于加奶油打发气弹和出奶油；下面是瓶身，用于盛放淡奶油，两部分均以不锈钢材质为主。

为了满足不同的用途，瓶身有单层和双层隔热两种。其规格也有所不同，常见的规格有0.25 L、0.5 L和1 L，其中0.5 L的最常使用。

瓶身上会有一根刻度线，刻度线左边会标有规格，刻度线上面会有"MAX"字样，代表着最大容量在这个位置（见图5—15）。

枪头可以进一步拆卸成裱花头、导气管、弹仓、硅胶密封垫、防滑硅胶套等配件，见表5—1。

图5—15 奶油枪瓶身容量刻度

表5—1　枪头配件	
配件	图示
裱花头（塑料材质、金属材质）	
导气管	
弹仓	
硅胶密封垫	
防滑硅胶套	

二、奶油准备

咖啡店使用的奶油通常分为植物性奶油和动物性奶油，以动物性奶油为主。原味动物性奶油也称为淡奶油或者稀奶油（见图5—16），一般指从牛乳中分离出来的一种液体脂肪，相对于植物性奶油更加健康。市面上的动物性奶油一般含乳脂30%～36%，奶味浓郁，口感丝滑柔和，

图5—16　奶油枪使用的淡奶油

产品品质安全可靠，用途广泛，可做慕斯、蛋糕、冰淇淋、西式简餐等。

淡奶油熔点低，容易打发，打发出来的奶油细腻、较稳定，是饮料和西点制作中不可或缺的一款原料，深受喜爱。

大部分的淡奶油需要冷藏运输和冷藏储存，即使常温淡奶油也需放在低于25℃的干燥环境中，淡奶油的保质期通常为 6 ~ 9 个月，使用前需要置于冷藏冰箱内冷藏 4 ~ 12 h。餐饮用的淡奶油规格以 1 L 的为主，开封后一次不能用完的，需贴好开封标签，注明开封时间，放入冰箱内指定区域冷藏。开封后应尽快使用完，48 h 内没有用完必须报废，避免出现食品安全问题。

三、奶油打发的影响因素

影响奶油打发的因素有奶油的温度、奶油的使用量、是否添加糖浆、摇晃次数、打发后储存条件等。

奶油的温度会影响塑形效果、稳定性和表面光滑程度。奶油最佳打发温度为 4 ~ 9℃，温度过低容易造成奶油结块，温度过高打发后奶油的塑形效果和稳定性都较差，奶油表面粗糙，不够光滑细腻。因此奶油在使用前应放在冰箱里冷藏。另外，为了确保奶油温度处于最佳范围内，有时奶油枪也会放入冰箱内冷藏。

奶油的使用量会影响奶油的塑形效果和稳定性，奶油的最佳使用量为奶油枪容量的 75% ~ 85%，比如 0.5 L 的奶油枪建议添加 375 ~ 425 mL 的奶油。如果奶油使用量过少，打发率高，节省原料，但是打发后奶油稳定性差，容易坍塌；如果奶油使用量过多，塑形效果好，稳定性好，但是打发率过低，成本高。

淡奶油本身一般是不加糖的，原味奶油是没有什么甜味的，但是在使用奶油枪制作奶油的时候，添加 6% ~ 10% 的糖浆可以增加奶油表面的光泽和光滑程度。

奶油枪摇晃的次数会影响奶油的塑形效果、打发率和表面的光滑程度。建议摇晃次数在 15 ~ 25 下，一般男性摇晃时力度大，因此摇晃次数要适当少一些，女性要适当多一些。

奶油枪打发后必须平放储存在冷藏冰箱内，如果放在室外不仅会影响奶油打发的品质还存在食品安全隐患。

执行

🍵 任务1 ／ 使用奶油枪打发奶油

STEP1 检查设备

（1）检查奶油枪的配件是否齐全，奶油枪的硅胶密封垫是最容易丢失且被忽视的配件。

（2）检查奶油枪的清洁卫生情况，先查看奶油枪的导气管、硅胶密封垫、裱花头等容易残留奶油的部件，再闻瓶身内是否有异味，确保干净整洁，符合食品安全要求才能使用。如果不干净或者有异味，必须先用热水清洗，然后用口布或厨房用纸擦拭干净再使用。

STEP2 称量奶油

先将奶油枪瓶身放在电子秤上清零，再在瓶身内倒入淡奶油到指定质量（见图5—17），如0.5 L的奶油枪倒入400 ~ 420 g的奶油比较合适。用电子秤称量会比量杯称量更准确，而且使用量杯会有奶油残留造成损耗。

图5—17 在奶油枪瓶身内加入淡奶油

STEP3 组装奶油枪

（1）组装奶油枪上部，插入导气管，如图5—18所示。

图5—18 插入导气管

（2）将硅胶密封垫安装平整，如图5—19所示。

图5—19 平整放入硅胶密封垫

（3）用左手拇指顶住导气管，如图5—20所示。右手将裱花头旋进导气管，如图5—21所示。

图5—20 大拇指顶住导气管　　　　图5—21 将裱花头旋进导气管

（4）组装枪头与瓶身，确保密封，如图5—22所示。

STEP4 加入奶油打发气弹

在弹仓内加入奶油打发气弹（简称"气弹"），如图5—23所示，再将弹仓旋至枪头上，如图5—24所示。

图5—22 组装枪头与瓶身

图5—23 加入奶油打发气弹

图5—24 将弹仓旋至枪头上

STEP5 摇晃奶油枪

将奶油枪倒置，用力上下摇晃，一般男性咖啡师摇晃15～20下，女性咖啡师摇晃20～25下，如图5—25所示。

图5—25 上下摇晃奶油枪

摇晃后，可以在小容器里打发一朵奶油，观察奶油状态，如图 5—26 所示。

图 5—26 打发一朵奶油测试奶油状态

（1）如果奶油塑形效果差，容易坍塌（见图 5—27），则需要继续摇晃，直至塑形到达预期效果。

（2）如果奶油坚挺，塑形效果好，表面光滑（见图 5—28），则代表奶油打发完成。

（3）如果奶油坚挺，但是表面呈锯齿状（见图 5—29），则代表奶油打发过度，下次打发时可以减少摇晃次数。当然如果有些咖啡店需要高打发率的奶油，可以允许表面适当地呈锯齿状。

图 5—27 坍塌的奶油　　图 5—28 坚挺的奶油　　图 5—29 表面呈锯齿状的奶油

STEP6 取出奶油打发气弹

奶油打发后需要及时取出奶油打发气弹，再把空的弹仓组装回去，如图 5—30 所示。因为进入口是单向气阀，气弹一直顶着气阀会影响气阀的密封性，从而缩短气阀使用寿命。气弹都是一次性的，取出后直接扔进垃圾桶即可，也可以累积一定数量后做成艺术品。

STEP7 完成奶油打发

完成奶油打发后，在奶油枪瓶身上贴好标签贴，注明打发时间、保质期和制作人姓名，便于食品安全卫生管理，如图5—31所示。

STEP8 置于冷藏冰箱内待用

奶油枪的裱花头有奶油残余时，需要先将其清洗干净，再平放至冷藏冰箱内，如果直立摆放容易造成奶油底部结块。奶油打发后必须在24 h内使用完，未使用完的应该报废，使用时间越长，食品安全隐患越大。

图5—30 打发后取出奶油气弹

图5—31 贴好标签贴的奶油枪

任务2 / 奶油枪的清洁保养

STEP1 放空奶油枪瓶内气体

清洗奶油枪前需要先将奶油枪裱花头对着垃圾桶，按下奶油打发开关，排空奶油枪内残余的奶油和气体，如图5—32所示。如果不先排空气体，奶油枪会很难拆开，若强行拆开残留的奶油会飞溅得到处都是，出现不必要的麻烦。

图5—32 排出奶油枪内的奶油和气体

扫码观看视频

STEP2 拆分奶油枪部件

（1）拆开奶油枪，如图5—33所示。

图5—33 拆开奶油枪

（2）用左手拧住导气管底部，右手旋转取出裱花头，如图5—34所示。
然后取出导气管。

图5—34 取下裱花头

（3）拉住硅胶密封垫的拉环，取出密封垫，如图5—35所示。

图5—35 取出硅胶密封垫

（4）拆下弹仓。

STEP3 用热水浸泡

将所有部件放入清洗容器中，先用热水冲洗一次，冲洗掉残留的奶油，如图5—36所示；再用热水浸泡 3 min，去除油渍。注意冲洗和浸泡过程中不要被热水烫伤。

图5—36 用热水冲洗奶油枪部件

STEP4 用冷水冲洗

浸泡完成后用冷水冲洗部件，检查所有部件是否冲洗干净，不干净的需要进一步清洗。

STEP5 疏通排气孔

用奶油清洁刷清洁导气管的排气孔，避免排气孔有奶油残留。

STEP6 用食品专用消毒液浸泡

每日营业结束后，需用食品专业消毒液浸泡奶油枪部件 10 ～ 15 min，杀菌消毒。浸泡后再用清水将其冲洗干净。

STEP7 烘干或擦拭干净

奶油枪洗干净后可以放在咖啡机温杯区或者消毒柜内烘干，也可以直接用干净的干口布或厨房用纸内外擦拭干净，如图5—37所示。

图5—37 用干口布擦拭奶油枪

STEP8 组装待用

清洗完成后，需将所有部件组装好，避免有部件遗失。组装好后将奶油枪放在指定区域待用。每次奶油枪使用完毕后都应该及时清洗，因为淡奶油富含蛋白质，很容易腐败发霉、出现异味，且存在食品安全隐患。

项目 ③ 康宝兰咖啡制作

扫码观看视频

* **知识准备**

一、康宝兰咖啡的原料配方

配方: 标准单份意式浓缩咖啡 30 mL(15 ~ 25 g)
淡奶油 20 ~ 30 g

康宝兰咖啡要做到浓郁、香甜不腻,给人留下不错的印象是非常有讲究的。如果咖啡豆或者淡奶油选择不正确,会导致奶油甜腻,咖啡味被掩盖,出现酸涩味,口感很差。

因此,康宝兰咖啡的制作要注意三个重点:意式拼配咖啡豆的选择、淡奶油的选择与奶油成品品质、意式浓缩咖啡和淡奶油的比例。

建议选用酸度低、醇度高,有坚果、可可、巧克力等风味的意式拼配咖啡豆,其搭配淡奶油后既易融合又增加风味多样性,浓度也比较适宜,不会被淡奶油抢味。淡奶油要厚实,量应该充足,从而增加康宝兰咖啡的丝滑口感,太稀薄的淡奶油塑形效果差,容易融化,影响外观和口感。喜欢咖啡味道浓郁的,也可以选择双份意式浓缩咖啡,还可以制作冰的康宝兰咖啡。

咖啡师喜欢用透明的玻璃杯盛放康宝兰咖啡,因为可以看见意式浓缩咖啡和淡奶油漂亮的分层,外观是评判一杯饮品的重要指标之一。

二、康宝兰咖啡的饮用方式及文化介绍

1. 康宝兰咖啡的饮用方式

　　康宝兰咖啡的饮用分为三个阶段，先用咖啡勺舀表面的淡奶油直接食用，品尝细腻的奶油口感；再搭配一点意式浓缩咖啡一起饮用，感受冷与热、甜和苦交替的感觉，咖啡能够解奶油的油腻感，奶油能综合咖啡的苦味，增加咖啡的丝滑奶香味；最后当吃完奶油后，在意式浓缩咖啡中加入少量的糖，一口品尝意式浓缩咖啡的浓郁与香甜。

　　2.康宝兰咖啡的文化介绍

　　康宝兰咖啡（espresso con panna）在意大利是指意式浓缩咖啡加奶油，用单份或双份意式浓缩咖啡，配以适量淡奶油，是意式经典咖啡中的一种。淡奶油在咖啡表面缓缓旋转而上，犹如雪山般洁白，令人着迷。

执行

任务1 ／ 使用半自动压力式咖啡机制作康宝兰咖啡

STEP1 检查设备、器具和原料

（1）检查咖啡机、磨豆机等设备是否正常工作。

（2）检查制作标准单份意式浓缩咖啡所需的器具和奶油枪。

（3）检查咖啡豆及奶油枪内的奶油是否满足制作需求。

STEP2 制作两杯意式浓缩咖啡

按照标准单份意式浓缩咖啡制作标准制作两杯单份意式浓缩咖啡。

STEP3 打奶油

（1）将奶油枪倒置，右手拇指和食指握住奶油枪的防滑圈，中指、无名指和小指搭在奶油枪的开关上，如图5—38所示。

图5—38 握奶油枪的手势

（2）左手扶着或拿着杯子，确保杯子不会侧翻。

（3）将裱花头靠近饮料液面，从杯子 12 点钟的方位开始，沿着杯壁顺时针旋转挤压奶油，旋转 3 ～ 5 圈，圈数与裱花头大小也有关系，圈要越转越小，呈螺旋状上升，最后将裱花头轻轻下压一下，再往上提即可，如图 5—39 所示。

图 5—39 在杯中打奶油的过程

特别提示：

（1）第一圈裱花头必须从头到尾紧贴杯壁，在 6 点钟方位处最容易出现错误，需要将瓶身往前倾斜，让裱花头更好地贴合在 6 点钟方位的杯壁上，否则容易导致奶油漂空。

（2）挤压奶油的力度要均匀，且与旋转的速度匹配。奶油挤压力度和旋转速度关系见表 5—2。

（3）旋转时要有螺旋往上的过程，使奶油外形更坚挺美观，咖啡店运营过程中要求奶油中心是空的，这样可以更好地控制成本。

表 5—2　奶油挤压力度和旋转速度关系

旋转速度	奶油挤压力度		
	挤压力度小	挤压力度适中	挤压力度大
旋转速度慢	匹配	奶油少量堆积	奶油大量堆积
旋转速度适中	奶油变细	匹配	奶油少量堆积
旋转速度快	奶油断层	奶油变细	匹配

（4）打奶油的最后，裱花头一定要往下轻轻压一下，让已打出的奶油与裱花头内的奶油断开，否则容易出现拖尾，如图5—40所示。

图 5—40 奶油拖尾

STEP4 完成制作

将成品放在指定区域，然后用热水将奶油枪裱花头清洗干净，不要有奶油堵在裱花头内，再将奶油枪平放回冷藏冰箱内。

任务2 / 康宝兰咖啡出品服务与感官特征评价

STEP1 检查成品外观

（1）检查咖啡杯外是否有污渍残留。

（2）检查奶油是否坚挺且高出杯口，表面是否细腻光滑。

（3）不符合要求的应做相应处理，如杯外有咖啡渍，用干净口布或者餐巾纸擦拭干净；不满足出品要求的应该立即重新制作。

STEP2 摆盘

康宝兰咖啡杯放在配套的咖啡杯碟上，咖啡勺柄与咖啡杯把朝向同一个方向，且放在杯子正前方（带 logo 的一侧），再配一个糖包和一张餐巾纸，放在杯把的反向，如图 5—41 所示。有些咖啡店喜欢将咖啡勺和糖包放在餐巾纸上，摆在杯子右边。

图 5—41 成品康宝兰咖啡摆盘

STEP3 出品

出品必须使用托盘，左手端托盘，右手端起咖啡，轻轻摆放在台面上。端给顾客的时候杯子 logo 应该正对顾客，杯把和咖啡勺柄应该朝向顾客的右手侧，糖包和餐巾纸放在顾客的左手侧。

STEP4 感官特征评价

康宝兰咖啡表面是细腻的冷奶油，奶香浓郁，底部是浓郁香醇的意式浓缩咖啡，混合饮用，冷热交融，口感醇厚丝滑，降低了咖啡的苦味且无油腻感。

☕ 任务3 / 清洁工作区域

STEP1 清洁咖啡机

先清洁手柄、冲泡头，再擦拭接水盘，清洁方法可以参考第4章项目2任务10咖啡机清洁相关内容。

STEP2 清理磨豆机

先用咖啡粉刷将磨豆机表面的咖啡粉清理干净，再将工作台面上洒落的咖啡粉也清理干净，可参考第4章项目1任务4磨豆机清洁相关内容。

STEP3 清理工作台面

将使用完的器具清洗干净，擦拭干，摆放归位，有消毒要求的需要放入消毒柜内消毒，消毒完成后再摆放归位。使用完的原料也要做适当处理并摆放归位，如开封的原料要密封后再归位等。

最后用抹布擦拭工作台面，工作台面上不能有咖啡渍、粉渣和奶渍残留。

STEP4 清洁抹布并消毒

随手清洁抹布。抹布要定时消毒，定期更换。

再次强调：每次制作完咖啡后要随手清洁，确保咖啡机、磨豆机和工作台面干净整洁。随手清洁，是对咖啡师的基本要求。

接下来的项目4～项目7中，咖啡制作完后都需要清洁工作区域，书中不再重复。

项目④ 玛奇朵咖啡制作

扫码观看视频

＊ 知识准备

一、玛奇朵咖啡的原料配方

> **配方**：标准单份意式浓缩咖啡 30 mL
> 奶沫 1 ~ 2 勺（5 ~ 10 g）

意式玛奇朵咖啡是在一杯意式浓缩咖啡中加入少量牛奶打发后的细腻的奶沫，意图是让咖啡更温和，同时增加甜度，绝非压倒咖啡味，因此制作时要注意咖啡与奶沫的配比。

二、玛奇朵咖啡的饮用方式及文化介绍

1. 玛奇朵咖啡的饮用方式

在意大利，早上以喝卡布奇诺为主，而玛奇朵咖啡则让下午茶爱好者可以在意式浓缩咖啡中加入一点点奶沫来增加咖啡的风味和口味，对于那些不能忍受意式浓缩咖啡的浓烈但却喜欢咖啡的人来说是个非常不错的选择。

2. 玛奇朵咖啡的文化介绍

玛奇朵咖啡（意大利语为 caffè macchiato 或 espresso macchiato），按意大利语翻译也叫玛琪雅朵咖啡，有时被称为意式玛奇朵咖啡，以区分现在咖啡店常见的焦糖玛奇朵咖啡。它是用意式浓缩咖啡和少量发沫的牛奶制作而成的，与康宝兰咖啡齐名的一款意式经典咖啡。在意大利语中，玛奇朵意为"标记""斑点""烙印"或"染色"，因此玛奇朵咖啡的意译是"咖啡斑点"或"咖啡牛奶一点白"。

执行

☕ 任务1 / 使用半自动压力式咖啡机制作玛奇朵咖啡

STEP1 检查设备、器具及原料

（1）检查咖啡机是否正常运行且干净整洁。

（2）检查器具数量和卫生情况，如奶缸是否干净。

（3）检查咖啡豆是否足量且新鲜，检查是否有足量冷藏的牛奶。

STEP2 制作两杯意式浓缩咖啡

按照标准单份意式浓缩咖啡制作标准制作两杯单份意式浓缩咖啡。

STEP3 制作奶沫

按照准备冷牛奶—喷蒸汽—打奶沫—喷蒸汽—擦拭蒸汽棒的标准奶沫制作流程制作全打发奶沫。

STEP4 在意式浓缩咖啡中加入奶沫

在意式浓缩咖啡中加入奶沫有以下两种方法。

（1）先摇晃奶缸，让牛奶奶沫融合在一起（牛奶打发后静置容易出现牛奶、奶沫分离的情况），然后用勺子往意式浓缩咖啡表面油脂的中心舀1～2勺细腻的奶沫牛奶混合物即可，如图5—42所示。要求咖啡表面中心是白点，四周应该有油脂形成的一圈金边。

（2）先将奶沫摇晃均匀，让牛奶奶沫融合在一起，直接往意式浓缩咖啡表面油脂的中心倒入牛奶奶沫混合物即可。同样要求咖啡表面中心是白点，四周应该有油脂形成的一圈金边。这种做法适合熟手，初学者建议使用前一种做法。

STEP5 完成制作

将完成的玛奇朵咖啡放在指定区域，准备摆盘出品。

图 5—42 在意式浓缩咖啡中加入 1 ~ 2 勺细腻奶沫

☕ 任务 2 ／ 玛奇朵咖啡出品服务与感官特征评价

STEP1 检查成品外观

（1）检查咖啡杯外是否有污渍残留，如咖啡渍或溢出的奶渍。

（2）检查奶沫是否细腻光滑且处于油脂表面正中心，边上是否有一圈宽于 5 mm 的金边，如图 5—43 所示。

图 5—43 成品玛奇朵咖啡

不符合要求的应做相应处理，如杯外有咖啡渍，用干净口布或者餐巾纸擦拭干净；不满足出品要求的应该立即重新制作。

STEP2 摆盘

与康宝兰咖啡摆盘要求一致。

STEP3 出品

与康宝兰咖啡出品要求一致。

STEP4 感官特征评价

意式浓缩咖啡醇香四溢，奶沫细腻顺滑，奶沫与咖啡的融合降低了意式浓缩咖啡的浓烈，使之变得更加柔和。

美式咖啡制作

扫码观看视频

＊ 知识准备

一、美式咖啡的原料配方

> **配方：** 标准双份意式浓缩咖啡 60 mL
> 热水 240 mL

美式咖啡一般是按照意式浓缩咖啡：热水 = 1 ： 4 的比例制作的，咖啡浓度建议在 1.15% ～ 1.6% 比较合适，当然根据个人喜好可以适当调整咖啡与热水的比例，喜好浓郁口感的热水少放一些，喜好清淡口感的多加些热水。

很多人会将美式咖啡（Americano）和长黑咖啡（longblack）、长萃（lungo）进行比较和区分。

美式咖啡是先加意式浓缩咖啡再加热水，热水会将意式浓缩咖啡表面的油脂冲散冲淡。

长黑咖啡是用一个装有七分满热水的杯子直接去接意式浓缩咖啡，使得咖啡油脂较少被稀释破坏，咖啡油脂的保留会更好一些，如图 5—44 和图 5—45 所示。这种做法常见于澳大利亚和新西兰。

长萃就是长萃意式浓缩咖啡，油脂较前两者更丰富，具体可以查看第 4 章的内容。

图5—44 在杯中先加入七分满热水　　图5—45 用装热水的杯子萃取意式浓缩咖啡液

二、美式咖啡的饮用方式及文化介绍

1. 美式咖啡的饮用方式

通常一杯美式咖啡由两份意式浓缩咖啡加约 240 mL 热水混合而成，热水的加入增加了分量，降低了咖啡浓度，使咖啡口感变得更加清淡。美式咖啡的香气也会因受到些许破坏而不如意式浓缩咖啡浓郁持久。尽管加入了热水稀释，但其咖啡因含量不会改变，因为咖啡因含量取决于作为基底的意式浓缩咖啡。美式咖啡的热量非常低。

很多人饮用美式咖啡时会加糖加奶，因此美式咖啡一般做到八分满，要留一定的空间给顾客加糖和加奶。

2. 美式咖啡的文化介绍

美式咖啡（意大利语为 caffè Americano，英语为 Americano）可以理解为一种咖啡的做法，一般由意式浓缩咖啡加入热水制作而成；也可以使用咖啡机制作，在萃取完意式浓缩咖啡后，继续让机器供水。有时候，一些简单的家用小咖啡机也被称为美式咖啡机。然而事实上，它们属于滴漏式咖啡机，也有人称其为美式滴滤咖啡机。

美式咖啡源于战争时期在欧洲的美军将热水与欧洲常见的意式浓缩咖啡混合饮用的习惯。美国人对咖啡的制作和饮用比较随意且简单，这种制作方法随着美国连锁餐饮店在全世界的普及而流行。在上海，有些老人喜欢将美式咖啡称为"清咖"，意为不加奶的咖啡。

任务1 / 使用半自动压力式咖啡机制作美式咖啡

STEP1 检查设备和原料

（1）检查咖啡机、开水机是否正常运作且干净整洁。

（2）需要准备360 mL的马克杯或带杯把玻璃杯、糖盅和奶盅。

（3）检查咖啡豆是否足量且新鲜，准备糖浆和牛奶，也可以准备糖浆包和奶油球，根据咖啡店实际情况调整。

STEP2 制作双份意式浓缩咖啡

按照标准双份意式浓缩咖啡的制作标准制作一杯双份意式浓缩咖啡，如图5—46所示。

STEP3 加入热水

将杯子直接放到开水机龙头下面接热水，或者用容器装热水后倒入咖啡杯内，热水加到八分满左右，如图5—47所示。

图5—46 萃取双份意式浓缩咖啡液

STEP4 完成制作

将完成的美式咖啡放在指定区域，准备摆盘出品。

图5—47 加入热水至八分满

任务2 / 美式咖啡出品服务与感官特征评价

STEP1 检查成品外观

（1）检查咖啡杯外是否有污渍残留。

（2）检查杯量是否符合要求。

（3）检查咖啡油脂是否覆盖咖啡液体表面。

不符合要求的应做相应处理，不满足出品要求的应该立即重新制作。

STEP2 摆盘

（1）所用咖啡杯有杯碟的放在配套杯碟上，没有杯碟的直接放在托盘上。

（2）需要配一个咖啡勺、一个糖盅、一个奶盅和一张餐巾纸。糖盅和奶盅放在杯子的左侧，咖啡勺和餐巾纸放在杯子的前方或右侧，如图5—48所示。

有些咖啡店也用糖包和奶油球代替糖盅和奶盅，如图5—49所示。

STEP3 出品

出品必须使用托盘，左手端托盘，右手端起咖啡，轻轻摆放在台面上。端给顾客的时候杯子带logo的一侧应该正对顾客，杯把朝向顾客的右手侧，咖啡勺和餐巾纸也放在顾客的右手侧，糖盅和奶盅放在顾客的左手侧。出品后提醒顾客热美式咖啡温度较高，注意预防烫嘴。

图5—48 配糖盅和奶盅的美式咖啡摆盘

图5—49 配奶油球和糖包的美式咖啡摆盘

STEP4 感官特征评价

美式咖啡香气清新，口感清淡，微酸不涩，微苦甚至不苦，回甘明显。

项目
⑥ 拿铁咖啡制作

扫码观看视频

＊ 知识准备

一、拿铁咖啡的原料配方

通用版配方： 标准单份意式浓缩咖啡 30 mL

牛奶 90 ～ 120 mL

奶沫少量

国际上，制作拿铁咖啡时，通常容量 240 mL（8 oz）以下的咖啡杯用一杯标准单份意式浓缩咖啡（30 mL 或 1 oz），容量 240 ～ 360 mL（12 oz）的咖啡杯用一杯标准双份意式浓缩咖啡（60 mL 或 2 oz），再加入打发后的牛奶。拿铁咖啡表面有一层薄薄的奶沫，奶沫厚度小于 5 mm，用咖啡勺平推就能看见咖啡液面。由于咖啡店杯子大小的差异、使用的咖啡豆和牛奶的差异，拿铁咖啡原料配比会有些许调整，但偏差不会太大。

传统的意大利拿铁咖啡是三分之一的意式浓缩咖啡加三分之二的牛奶，一般不加入奶沫。它与卡布奇诺咖啡相比，牛奶味道更浓郁。而且在意大利，拿铁咖啡几乎只在家中作为早餐饮用。意大利人用摩卡壶和炉子煮咖啡，倒入装有热牛奶的杯子里即可。

一般咖啡店还会在拿铁咖啡中加入其他调味料来适应饮者的口味，比较流行的调味料有香草、巧克力、焦糖等。拿铁咖啡还有其他的替代版本，可以用豆浆或燕麦牛奶制作，因为这两者都具有与牛奶类似的发沫能力，其中使用豆奶的更普遍。这些替代品在乳糖不耐受症患者和严格素食者中很受欢迎。

热拿铁咖啡通常用陶瓷杯或带杯把的玻璃杯盛放。

148

二、拿铁咖啡的饮用方式及文化介绍

1. 拿铁咖啡的饮用方式

拿铁咖啡是目前咖啡店中销量最好的咖啡，因为它适合在所有时间段饮用，口感也很均衡，适合大部分的消费群体。饮用拿铁咖啡可以根据自己的喜好选择是否加糖，比较随意，没有过多的讲究。但是有些咖啡行家在喝之前，会用咖啡勺平推一下表面的奶沫，观察奶沫的细腻程度和厚度，从而判断出咖啡师的技术水准。

2. 拿铁咖啡的文化介绍

拿铁咖啡也称鲜奶咖啡（意大利语为 caffè latte），是诸多经典意式咖啡中的一种。意大利语中 latte 意为牛奶，caffè latte 就是加了牛奶的咖啡，通常直接音译为"拿铁咖啡"或者"拿铁"。在英语国家里，用 latte 作为 caffè latte 的简称，泛指用鲜奶冲泡的咖啡。法语单词 lait 与意大利语单词 latte 同义，都是指牛奶。法文的 café au lait 就是咖啡（café）加至（au）牛奶（lait）之意，译为"咖啡欧蕾"或是"欧蕾咖啡"。拿铁咖啡在上海一般被称为"奶咖"，与"清咖"相对应。

直到 20 世纪 80 年代，"拿铁咖啡"一词才在意大利境外使用。在意大利，拿铁（latte）意味着"牛奶"，因此在意大利点一杯"拿铁（latte）"，咖啡师会给顾客一杯牛奶。"拿铁"的用法在亚洲国家流行的过程中发生了变化，如用抹茶加牛奶制作的饮料称为"抹茶拿铁"，红茶加牛奶就称为"红茶拿铁"，其实这些饮料都是借用了拿铁是牛奶的概念，并不含有咖啡。

另外，全球日益普遍的拿铁拉花艺术现在是一种流行的艺术形式。将打发后的牛奶奶沫混合物倒入咖啡中，通过不同注入方式、抖动的手法来创作，可以使咖啡的表面呈现出不同的图案。

☕ 任务1 / 使用半自动压力式咖啡机制作拿铁咖啡

STEP1 检查设备和原料

准备两套拿铁咖啡杯，其余参考玛奇朵咖啡的准备工作。

STEP2 制作两杯意式浓缩咖啡

按照标准单份意式浓缩咖啡制作标准制作两杯单份意式浓缩咖啡，用拿铁咖啡杯直接盛放，如图5—50所示。

STEP3 制作奶沫

按照准备冷牛奶—喷蒸汽—打奶沫—喷蒸汽—擦拭蒸汽棒的标准奶沫制作流程制作半打发奶沫，如图5—51所示。

STEP4 在意式浓缩咖啡中倒入牛奶和奶沫

（1）先摇晃奶缸，让牛奶奶沫融合在一起。

（2）然后将咖啡勺放在奶缸口，用背面挡住奶沫，如图5—52所示。

（3）往意式浓缩咖啡液中间加入牛奶奶沫。如果浓缩咖啡液存放时间过久，表面油脂会结块，需要先摇晃一下。

图5—50 用拿铁咖啡杯直接盛放意式浓缩咖啡液

图5—51 制作半打发奶沫

图5—52 用咖啡勺背面挡住奶缸口

（4）牛奶倒至杯子八分满的时候，用勺子轻轻刮入少量奶沫，奶沫处于杯子中间，液面四周有油脂形成的一圈金边，如图5—53所示。注意：要边倒牛奶边刮奶沫，刮的时候要轻柔，不能用力过猛，否则容易使表面没有金边，如图5—54所示。

图5—53 往杯中刮入少量奶沫　　　　图5—54 没有一圈金边的拿铁咖啡

如果技术比较好，有一定的经验，可以直接在意式浓缩咖啡液中注入牛奶和奶沫混合物，而不需要借助其他工具。

STEP5 完成制作

将完成的拿铁咖啡放在指定区域，准备摆盘出品。

任务2 / 拿铁咖啡出品服务与感官特征评价

STEP1 检查成品外观

（1）检查咖啡杯外是否有污渍残留，如咖啡渍或溢出的奶渍。

（2）检查奶沫是否细腻光滑且处于油脂表面正中心，边上是否有一圈宽于10 mm的金边，咖啡应多于九分满，液面与杯口距离小于5 mm，如图5—55所示。

（3）奶沫的厚度应小于5 mm，要求

图5—55 拿铁咖啡成品

用咖啡勺平刮奶沫时，可以看到咖啡液，如图5—56所示。

图5—56 勺子平刮能清晰看见咖啡液面

不符合要求的应做相应处理，如咖啡杯外有咖啡渍（见图5—57），用干净口布或者餐巾纸擦拭干净；不满足出品要求的应该立即重新制作。

图5—57 咖啡杯外有溢出的咖啡渍

STEP2 摆盘

参考康宝兰咖啡摆盘要求。

STEP3 出品

参考康宝兰咖啡出品要求。

STEP4 感官特征评价

意式浓缩咖啡混合丝滑的牛奶，让原本浓郁微苦的咖啡变得更加柔顺香甜，口感以奶味为主，似有咖啡味的牛奶。

项目⑦ 卡布奇诺咖啡制作

* **知识准备**

扫码观看视频

一、卡布奇诺咖啡的原料配方

通用版配方： 标准单份意式浓缩咖啡 30 mL

牛奶 60 ~ 90 mL

奶沫 60 mL

传统的意大利卡布奇诺咖啡通常是单份（或者双份）意式浓缩咖啡，配以等量牛奶和奶沫（比例为 1 : 1 : 1）。但由于卡布奇诺的流行和被广泛饮用，其基本配方发生了许多变化。每个咖啡师和咖啡馆都有自己的小变化，因此可能你在不同地方喝到的卡布奇诺咖啡都有所不同。但是，这些差异都是在允许范围内的，如果变化很大，咖啡师们会另外为其取新的名字。

到 21 世纪初，美式连锁餐饮店逐渐流行与扩张，对配方进行修改，用更多的牛奶和奶沫使咖啡口味更丰富、温和，而且已经被大部分消费者所适应（本书列出的为修改后的配方）。风味卡布奇诺在美国也非常受欢迎，通过添加糖浆可以向顾客提供更多口味的选择，流行的口味有香草、巧克力、焦糖、薄荷、覆盆子和肉桂。有时还会在奶沫表面添加肉桂粉、可可粉、焦糖、巧克力酱等辅料。

二、卡布奇诺咖啡的饮用方式及文化介绍

1. 卡布奇诺咖啡的饮用方式

在意大利，卡布奇诺咖啡非常受欢迎，它们通常作为与早餐（通常是甜点）

一起享用的饮料。大多数意大利人在早晨之后更喜欢喝浓郁一点的咖啡，觉得在早餐后饮用卡布奇诺咖啡不适合。他们会经常将其供应给孩子，因为其中的牛奶比咖啡多得多。

卡布奇诺咖啡在美国也很受欢迎，美国人常常全天喝卡布奇诺咖啡，并把其作为餐后饮品来享用。精心制作的卡布奇诺咖啡风味和口感都很丰富，当然也可以在其中加入各种口味的糖浆和其他添加剂进行调味。

2. 卡布奇诺咖啡的文化介绍

卡布奇诺咖啡（意大利语为 cappuccino）是一种用意式浓缩咖啡和打发后的牛奶和奶沫制作的传统意大利咖啡。卡布奇诺咖啡因其颜色与造型像圣方济会的修士在深褐色的外衣上覆上一条头巾而得名。

卡布奇诺咖啡的量和盛装容器也因地而异。在意大利，通常使用150 ~ 180 mL（5 ~ 6 oz）预热过的碗形陶瓷杯盛放卡布奇诺咖啡。在中国，一些以堂食为主的咖啡店也是用瓷杯供应的，因为瓷器保温性更好。而售价比较便宜的咖啡店、快餐连锁店等为了方便，会选择使用纸杯。它们通常选择保温性更好、更安全且具有隔热效果的双层纸杯和塑料盖子，当然也有在纸杯外额外加隔热套的，以避免顾客烫手。此外，还增加了咖啡的杯型，标准杯为360 mL（12 oz），小杯为240 mL（8 oz）、大杯为480 mL（16 oz），超大杯为600 mL（20 oz）。

执行

☕ 任务 1 / 使用半自动压力式咖啡机制作卡布奇诺咖啡

STEP1 检查设备和原料

准备两套卡布奇诺咖啡杯（现在咖啡店里卡布奇诺咖啡杯和拿铁咖啡杯基

本为同一个），其他准备工作参考玛奇朵咖啡的制作。

STEP2 制作两杯意式浓缩咖啡

按照标准单份意式浓缩咖啡制作标准制作两杯单份意式浓缩咖啡，但用卡布奇诺咖啡杯直接盛放。

STEP3 制作奶沫

按照准备冷牛奶—喷蒸汽—打奶沫—喷蒸汽—擦拭蒸汽棒的标准奶沫制作流程制作全打发奶沫。

STEP4 在意式浓缩咖啡中倒入牛奶和奶沫

（1）先摇晃奶缸，让牛奶和奶沫融合在一起。

（2）然后将茶匙放在奶缸口，挡住奶沫。

（3）往意式浓缩咖啡液中间加入牛奶，如果浓缩咖啡液存放时间过久，表面油脂会结块，需要先摇晃一下。

（4）牛奶倒至杯子五分满的时候，用勺子轻轻刮入奶沫，奶沫处于杯子中间，液面四周有油脂形成的一圈金边，如图5—58所示。

图5—58 牛奶倒至五分满时，刮入奶沫

卡布奇诺咖啡倒至全满或奶沫高出杯沿，且满而不溢，如图5—59所示。注意：要边倒牛奶边刮奶沫，如果牛奶倒得太慢，容易漏到奶缸外（见图5—60），而且刮的时候要轻柔，不能用力过猛，否则容易出现表面奶沫图形不清晰。

图5—59 卡布奇诺咖啡倒至11分满　　　　图5—60 牛奶漏到奶缸外

STEP5 完成制作

将完成的卡布奇诺咖啡放在指定区域，准备摆盘出品。

☕ 任务2 / 卡布奇诺咖啡出品服务与感官特征评价

STEP1 检查成品外观

（1）检查咖啡杯外是否有污渍残留，如咖啡渍或溢出的奶渍。

（2）检查奶沫是否细腻光滑且处于油脂表面正中心，边上是否有一圈宽于 10 mm 的金边，咖啡应多于九分满，液面与杯口距离小于 5 mm，如图5—61 所示。

图5—61 卡布奇诺咖啡成品

（3）奶沫的厚度应大于 5 mm，要求咖啡勺平推过去看不到咖啡液，如图5—62 所示。

图5—62 平刮奶沫看不到咖啡液面

不符合要求的应做相应处理，如杯外有咖啡渍，用干净口布或者餐巾纸擦拭干净；不满足出品要求的应该立即重新制作。

卡布奇诺咖啡的视觉评价标准见表5—3。

评价	优秀	合格	不合格
反差	干净的白色奶沫图形和丰富的咖啡油脂形成鲜明的对比（咖啡油脂的颜色因咖啡豆的不同可能有差异）	可以清晰辨别奶沫图形，但白色奶沫和咖啡油脂之间有类似"大理石"的纹路 意式浓缩咖啡和奶沫的融合部分出现浅棕色	对比不鲜明，以致很难辨别奶沫图形 过多的奶沫和意式浓缩咖啡混杂在一起
参考图片			

表5—3　卡布奇诺咖啡的视觉评价标准

STEP2 摆盘

参考康宝兰咖啡摆盘要求。

STEP3 出品

参考康宝兰咖啡出品要求。

STEP4 感官特征评价

卡布奇诺咖啡表面有一层厚厚的细腻奶沫，它使咖啡变得更丝滑绵密，口感更加厚实。一口喝下去，表面是细腻的奶沫，下面是牛奶与咖啡融合的香浓口感，咖啡味比拿铁咖啡更加香浓。

提高

扫码观看视频

小白咖啡

小白咖啡（flat white）是一款兴起于澳大利亚和新西兰的咖啡，因此也被称为"澳白咖啡"或者"新澳咖啡"，而星巴克则将其称为"馥芮白"。

事实上，关于小白咖啡的定义，以及它与拿铁咖啡及卡布奇诺咖啡的区别一直有不少争议。在一些咖啡店里，小白咖啡只是缩小版的拿铁咖啡，但在另外一些咖啡店则完全是不同的饮料。

其实，在了解小白咖啡之前，需要了解的是牛奶的打发技术和打发效果。以前打发后的牛奶中牛奶和奶沫会很快分离，下面是明显的牛奶液体，上面是坚挺的奶沫，而且奶沫比较干燥，几乎没有流动性或者流动性比较差，因此有人称这种奶沫为干奶沫。用干奶沫制作的拿铁咖啡和卡布奇诺咖啡很好区分，奶沫少的是拿铁咖啡，奶沫多的是卡布奇诺咖啡，而且奶沫与牛奶液面几乎是分离的，用咖啡勺轻轻一推划分线非常明显，很容易就可以分清楚。

而现在随着拉花技术的提升，花形变化越来越复杂，对意式浓缩咖啡和奶沫的质量提出了更高的要求。奶沫要求细腻、光滑、流动性好，而且表面有光泽，牛奶和奶沫是融合在一起的，几乎看不到分界线，有人称之为湿奶沫。在制作咖啡的时候，会将咖啡与牛奶、奶沫更好地融合，使咖啡口感均匀饱满，没有分离感。这种咖啡与传统的拿铁咖啡或卡布奇诺咖啡有明显的区别。另外，对咖啡品质的要求也越来越高，会选择更优质的咖啡豆，而且只萃取咖啡最精华的部分，咖啡味道不如传统的浓，只需更少的牛奶与之融合，避免掩盖咖啡自身的风味，因此制作的杯量也没有之前流行的拿铁咖啡大。澳大利亚和新西兰的咖啡师们给这种咖啡新取了一个名字，叫"flat white"。

小白咖啡的特点有：

1. 杯量中等（常见的是 120 ~ 150 mL），比玛奇朵咖啡多，但比拿铁咖啡要少。

2. 咖啡液浓度更高，只保留意式浓缩咖啡液的前中段咖啡液，即一杯标准的双份意式浓缩咖啡液是 60 mL，但制作小白咖啡时，萃取到 40 mL 就会停止。

3. 牛奶奶沫混合液较少（80 ~ 120 mL），奶沫厚度在拿铁和卡布奇诺之间（5 mm 左右）。奶沫如天鹅绒毛般细腻，而不是坚硬的奶沫。

4. 制作过程采取自由注入法倒牛奶，使奶沫与咖啡液更好地融合，并且咖啡液和奶沫之间没有明显可辨别的分界线，更好地保持表面咖啡油脂的完整性。

CHAPTER

6

咖啡的饮用与健康

﹡ 知识准备

一、咖啡的饮用方式与饮用文化

1.咖啡的饮用方式

（1）咖啡的饮用温度。咖啡可以分为热饮和冰饮，而温咖啡口感最差。热咖啡适合饮用的温度是 50 ~ 65℃。若咖啡过热烫口，则无法品尝到咖啡风味的层次感，尤其是其独特明亮的酸味，而咖啡醇度也会有所降低（需要注意的是，长期饮用温度过高的饮料不利于健康）；若温度过低，则会损失咖啡的香气，使酸味变得过强，且瑕疵味会变得明显。随着季节变化，热咖啡的温度可以适当调整，如冬天适合饮用约 65℃的咖啡，夏天适合饮用约 50℃的咖啡。

冰咖啡的最佳饮用温度应低于 8℃。目前，冰咖啡通常有两种做法：一种是加冰块，另一种是放在冷藏冰箱内冷萃。

冷萃咖啡需要将研磨好的咖啡粉与冷水或冰水混合物按照一定比例混合，泡 8 h 以上，再用过滤器将咖啡渣过滤，然后把咖啡液放在冷藏冰箱内冷藏。冷萃不仅降低了咖啡本身的酸涩感和咖啡因含量，也更突出咖啡醇厚的特点。

（2）咖啡的辅料添加。在饮用咖啡时，有些人会在咖啡中添加辅料，增加咖啡风味。例如，有些地区的人们会在咖啡中添加肉桂、豆蔻等香料。如果喜欢喝甜的咖啡可以选择加糖，其中热咖啡会选择加白砂糖或者黄糖，而冰咖啡通常选择加糖浆。给咖啡加糖时，可用咖啡勺舀取砂糖直接加入杯内，也可先用糖夹子把方糖夹在咖啡碟靠近身体的一侧，再用咖啡勺把方糖加入杯子里，如图 6—1 所示。

图 6—1 用咖啡勺在咖啡杯中加入方糖

如果直接用糖夹子把方糖放入杯内，有可能会使咖啡溅出，弄脏衣服或台布。

如果觉得咖啡偏苦可以选择添加牛奶或奶油球，如图6—2所示。是否添加糖、奶等辅料是消费者的饮用习惯和个人偏好，不能作为是否懂得品尝咖啡的评价标准。

图6—2 根据个人喜好在咖啡中加入牛奶

2. 咖啡的饮用文化

（1）咖啡杯的用法。在餐后饮用的咖啡，一般都是用袖珍型的杯子盛出。这种杯子的杯耳较小，手指无法穿过。即使用较大的杯子，也注意不要用手指穿过杯把再端杯子。咖啡杯的正确拿法应是用拇指和食指捏住杯把将杯子端起，不能将杯子放在桌子上俯首去饮用，饮用时不宜发出响声。

（2）咖啡勺的用法。咖啡勺是专门用来搅拌咖啡的，饮用咖啡前应当将它取出。不宜用咖啡勺舀着咖啡喝，也不要用咖啡勺来捣碎杯中的方糖。

（3）咖啡饮用频率。由于咖啡中含有咖啡因，因此婴幼儿不宜饮用咖啡，儿童也应当尽量少喝咖啡，成年人一天饮用咖啡的数量最好控制在6杯以内。

二、咖啡因

咖啡因（caffeine）是一种黄嘌呤生物碱化合物。它主要存在于咖啡树、茶树、巴拉圭冬青（玛黛茶）及瓜拿纳的果实及叶片里。而可可树、可乐果及代茶冬青树中也存在少量的咖啡因。咖啡因对于植物而言是一种自然杀虫剂，在超过60种植物的果实、叶片和种子中均能发现咖啡因，它能使以这些植物为食的昆虫麻痹，从而达到杀虫的效果。

咖啡豆是世界上最主要的咖啡因来源。咖啡因含量与咖啡豆品种和处理方法有关，罗布斯塔种咖啡豆的咖啡因含量是阿拉比卡种咖啡豆咖啡因含量的两倍。深焙咖啡一般比浅焙咖啡的咖啡因含量少，因为烘焙能减少咖啡豆里的咖啡因含量。茶是另外一个咖啡因的重要来源，通常茶的咖啡因含量只有咖啡的一半，并且与制茶工艺有关。

咖啡因是一种中枢神经兴奋剂，能暂时驱走睡意并恢复精力。有咖啡因成分的咖啡、茶及能量饮料十分畅销，咖啡因也是世界上最普遍被使用的精神药品。在北美，90% 的成年人每天都会摄取咖啡因。很多咖啡因的来源中也含有多种其他的黄嘌呤生物碱，包括茶碱和可可碱这两种强心剂，以及其他物质（如单宁酸）。

1. 人体内咖啡因的代谢

咖啡因在人体摄取后 45 min 内会被胃和小肠完全吸收。

咖啡因的半衰期，即身体转化所摄取咖啡因的一半量所用的时间，在不同个体之间差异极大。这主要和年龄、肝功能、是否怀孕、是否同时摄入其他的药物，以及肝脏中与咖啡因代谢有关的酶的数量等因素有关。一个健康成年人的咖啡因半衰期是 3 ~ 4 h，已怀孕的女性则为 9 ~ 11 h。当某些个体患有严重的肝脏疾病时，咖啡因会不断累积，半衰期延长至 96 h。婴儿或儿童的咖啡因半衰期大于成年人，新生婴儿可能会长至 30 h。此外，吸烟等因素会缩短咖啡因的半衰期。

2. 咖啡因的作用

咖啡因是中枢神经系统的兴奋剂，也是新陈代谢的刺激剂。咖啡因除存在于饮品中外，也被作为药品，其作用都是提神及消除疲劳，同时也可减轻头痛时的痛楚。每个人获得以上效果所需要的咖啡因量并不相同，主要取决于体型和对咖啡因的耐受程度。咖啡因在摄入后不到 1 h 的时间内就开始在人体内发挥作用。如果摄取较少量的咖啡因，其作用可在 3 ~ 4 h 内消失。食用咖啡因并不能减少所需的睡眠时间，它是机能增进剂，可以增强大脑和身体的能力，只能临时减轻困意。

咖啡因有时也可与其他药物混合，提升功效。咖啡因与减轻头痛的药物混合能够使药物功效提高 40%，并且使身体能更快地吸收这些药品，缩短药品起作用的时间。

对人类而言，正常摄入咖啡因是安全的，但是对某些动物而言咖啡因却是有毒的，例如狗、马、鹦鹉等，因为这些动物的肝脏分解咖啡因的能力比人类弱得多。

3.过度摄入咖啡因的危害

在长期摄取的情况下，大量摄入咖啡因对人体有害，容易出现以下症状。

（1）神经过敏，易发怒。

（2）肌肉抽搐，容易失眠和心悸。

4.咖啡因上瘾

许多熬夜的学生和夜班工作的人会选择摄入咖啡因，如饮茶、咖啡或服用咖啡因药丸等以消除困意。严格来说，只有逐渐增加咖啡因摄入量才算作上瘾，用"对咖啡因的依赖"这一描述更为适宜。但是，被广泛接受的定义是，所有慢性的很难摆脱的行为都叫作"上瘾"，因此也可以用"咖啡因上瘾"来描述。

在我们国家，"纯咖啡因"被列为"第二类精神药品"进行严格管制，其生产、供应必须经过省级卫生行政部门批准，并由县级以上卫生行政部门指定的单位经营。

三、咖啡对身体健康的影响

1.咖啡对身体健康的促进作用

（1）咖啡可以提神醒脑，使人短时间内保持相对清醒。

（2）咖啡可以利尿，改善便秘现象。

（3）咖啡有促进消化和减肥的效果。

（4）咖啡有舒缓神经、缓解抑郁的作用。

2.咖啡对身体健康的损害作用

长期过量饮用咖啡对身体健康有以下潜在的损害。

（1）心跳加快。

（2）血压升高。

（3）血糖升高。

（4）导致过度兴奋，睡眠失调。

3.不适合饮用咖啡的人群

（1）心脏病患者。

（2）孕妇。

（3）咖啡因焦虑症患者。

（4）大病初愈，需要服用其他药物者。

执行

☕ 任务 / 演示意式浓缩咖啡的饮用过程

STEP1 放糖

将糖包撕开，倒入咖啡杯中，如图6—3所示。倒入量以个人喜好为准。

STEP2 搅拌

图6—3 在杯中加入白砂糖

拿起咖啡勺，轻轻搅拌三圈，如图6—4所示。将咖啡勺放回咖啡杯碟上。

搅拌不足时，咖啡中的糖可能未融化；搅拌过多时，咖啡的温度降低较快。

图 6—4 用咖啡勺轻搅咖啡三圈

STEP3 饮用

先闻一下咖啡香气，再将咖啡分三口饮用。

（1）第一口喝表面部分，该部分咖啡以苦味为主。

（2）第二口喝中间部分，该部分咖啡苦中带甜。

（3）第三口喝最底部，该部分咖啡主要是焦糖甜味。

这样的口感层次分明。最后，如果喜欢吃甜食，可以用咖啡勺将杯底未融化的糖（见图 6—5）一起吃掉。

如果饮用带奶油的咖啡，则需要先吃掉部分奶油，再将奶油与咖啡搅拌均匀后饮用，如图 6—6 所示。

图 6—5 与咖啡液融合后的糖

图 6—6 用咖啡勺吃奶油

非常高兴，能和大家一起打开咖啡制作的大门，踏上这段咖啡制作旅程。通过这本书，学到的不过是咖啡制作的冰山一角，欢迎大家继续关注我们的《花式咖啡制作》，和我一起继续在咖啡世界探索学习。衷心希望大家通过本书，找到你心中那一杯独一无二的好咖啡。